Café Andromeda

Sylvia Englert, geb. 1970, lebt in München und ist Autorin zahlreicher Sach- und Jugendbücher, die sie teilweise unter dem Pseudonym Katja Brandis veröffentlicht. Für ihr Buch *Wörterwerkstatt* wurde sie 2002 für den Deutschen Jugendliteraturpreis nominiert.

Stefan Jäger, geb. 1962, forschte und lehrte nach seiner Physik-Promotion in Berlin und an der University of California in Santa Cruz. Heute arbeitet er in der Forschungs- und Entwicklungsabteilung einer Biotechnologiefirma in Hamburg.

Sylvia Englert, Stefan Jäger

Café Andromeda

Eine fantastische Reise durch
die moderne Physik

Mit Illustrationen von Friedhelm Maria Leistner

Campus Verlag
Frankfurt/New York

Bibliografische Information der Deutschen Bibliothek

Die Deutsche Bibliothek verzeichnet diese Publikation in der
Deutschen Nationalbibliografie. Detaillierte bibliografische Daten sind
im Internet über http://dnb.ddb.de abrufbar.
ISBN 3-593-37071-9

Besuchen Sie uns im Internet: www.campus.de

Inhalt

Teil II
Das Geheimnis der Quanten
Quantenphysik und die Atome

Teil III
In den Tiefen des Alls
Die Entstehung des Universums

Sylvia Englert: Für meine Eltern

Stefan Jäger: Für Albert Einstein

Vorwort

Wir können Physik täglich um uns herum beobachten. Wie eine Kugel fällt, wie Wasser gefriert, wie Elektrizität Glühbirnen zum Leuchten bringt. All das haben die Menschen bis zum 19. Jahrhundert ganz gut erforscht. Sie hatten die Welt prima im Griff.

Dachten sie. Ein paar mutige und geniale Wissenschaftler wagten, das alles noch einmal infrage zu stellen. Sie stießen in ihren Theorien und Experimenten in die faszinierende Welt der Elementarteilchen und tief in den Weltraum vor. Und stellten fest, dass vieles, was die Menschen bisher gedacht hatten, falsch ist. Dass die Gesetze, nach denen die Welt funktioniert, noch viel eigenartiger und unglaublicher sind als jemals vermutet. Seit Jahrzehnten versuchen Forscher diese Gesetze zu verstehen und machen immer noch Fortschritte dabei.

Es ist schwer für uns Menschen, die Welt von Relativitätstheorie, Quantenphysik und Stringtheorie zu begreifen, weil sie unseren Erfahrungshorizont übersteigt. Aber es ist spannend wie ein Abenteuer, die moderne Physik zu entdecken. Wir haben die Helden unseres Buches auf eine abenteuerliche Reise geschickt, damit sie diese Physik am eigenen Leib erleben können. In diesem Buch wirst du eine ganze Menge über folgende Bereiche erfahren:

* *Relativitätstheorie* – die Wahrheit über Raum, Zeit, Energie und Materie. Einsteins kühne Theorien sind ein wichtiges Rüstzeug, um unser Universum zu verstehen.
* *Quantenphysik* – die Welt der Atome und Elementarteilchen. Hier gilt die klassische Physik nicht mehr, es herrschen seltsame und faszinierende Gesetze. Fast die gesamte moderne Physik und ein Großteil der heutigen Technologie basieren auf der so genannten Quantenmechanik.
* *Kosmologie* – die Wissenschaft vom Entstehen des Universums und seiner Phänomene. Vom Urknall bis zum Lebensweg der Sterne.

Für die fantastische Reise der Zwillinge mussten wir manchmal ein bisschen spekulieren und die Wirklichkeit zurechtbiegen, sonst hätte sich die Wissenschaft nicht in eine Geschichte verpacken lassen. Einen Photonentunnel, mit dem man schnell und bequem (wenn auch nicht immer risikolos) durch Zeit und Raum reisen kann, wird es sehr wahrscheinlich nie geben. Auch Anti-G-Mittel, die einen Menschen hohe Beschleunigungen ertragen lassen, existieren bislang nicht. Ob man auf anderen Planeten jemals große Quantenwesen entdecken wird, ist höchst fraglich – soweit man heute weiß, regieren Quantengesetze nur die Mikrowelt, zum Beispiel Elementarteilchen und Atome (vom Phänomen der Supraleitung abgesehen). Auch andere Außerirdische haben sich uns bisher noch nicht bemerkbar gemacht. Und ein Schutzschild, der so gut ist, dass man mit ihm überhaupt in die Nähe des Urknalls vordringen kann, ist unwahrscheinlich. Aber alles andere in diesem Buch ist seriöse Wissenschaft, ist nach heutigem Kenntnisstand Tatsache oder eine ernst zu nehmende Theorie.

Dieses Buch entspricht dem neusten Stand der Wissenschaft. Bisher haben sich die Theorien, die Jan und Miri in *Café Andromeda* kennen lernen, gut bewährt. Doch jedes Jahr wird mehr entdeckt, mehr verstanden. Vielleicht sehen wir die Welt in zehn, 20 oder 50 Jahren schon wieder ein bisschen anders? Zur Sicherheit werden wir dieses Buch bei jeder Auflage wissenschaftlich überarbeiten.

Wir freuen uns über Feedback zu unserem Buch. Schaut doch einfach mal auf *www.cafe-andromeda.de* und *www.sylvia-englert.de*! Physikalische Fragen beantwortet euch gerne Stefan Jäger (*stefanjaeger@hamburg.de*).

Sylvia Englert und *Stefan Jäger*
München und Hamburg 2003

Teil I

Alles ist relativ

Einstein und
seine Relativitätstheorie

Ein richtig mieser Tag

Es war einer von diesen Tagen, an denen alles schief geht. Jan Ellers hatte einen schweren Klumpen im Magen, als er seine Tasche nahm und zum Raum ging, in dem sie Physik hatten. Bei Herrn Johanson, besser bekannt als »Brilli«. Er hatte ihnen schon angekündigt, dass er ihnen heute die Arbeit zurückgeben würde. Natürlich war er schon da, saß wie ein dicker, bösartiger Ochsenfrosch mit dunkler Hornbrille vorne und blätterte in irgendwelchen Arbeitsblättern. Neben ihm der Stapel Klausuren. Ausgerechnet als Jan vorbeiging, blickte er auf. Schnell flüchtete sich Jan an seinen Platz.

Jan fühlte ein unangenehmes Prickeln im Nacken, als seine Physikarbeit vor ihm auf dem Tisch lag. Vorsichtig ließ er den Blick über das Blatt wandern. Oben stand fett in Rot: *2 Punkte.* O nein! Das durfte einfach nicht wahr sein! Er hatte zwar schon beim Abgeben gewusst, dass es nicht gut gelaufen war. Aber so schlecht war er noch nie gewesen. Jan musste die Tränen zurückhalten.

Plötzlich stand Brilli neben ihm. »Jetzt mal ehrlich, mir ist schleierhaft, wie du in den Leistungskurs kommen konntest, Jan. Zwei Punkte, das entspricht der Note 5!«

»Eigentlich interessiere ich mich für Physik«, sagte Jan. Er hasste dieses *Jetzt mal ehrlich*, er hasste diesen kalten Blick. »Daheim habe ich ...«

»Jan, was du daheim machst, interessiert mich nicht. Was mich interessiert, sind Ergebnisse. Das heißt: In Zukunft Grundkurs, junger Mann.«

Endlich kehrte Brilli wieder an die Tafel zurück.

»Was hast du bekommen?«, flüsterte Miri, seine Zwillingsschwester. Sie saß mit ihrer besten Freundin Heike eine Bank weiter. Er hob sein Blatt, und sie sah, was darauf gekritzelt war. »Oh.«

Kevin, der schräg vor ihnen saß, hatte alles mitbekommen und grinste. Sein Blick sagte: »Na, mal wieder voll danebengehauen?« Schnell ließ Jan die Arbeit in seiner Tasche verschwinden und blickte auf die Tischplatte. Wieso war das Leben eigentlich so unfair? Wieso konnte dieser Unsympath aussehen wie Tom

Cruise in Blond und dann nicht nur der Star der Basketballmannschaft sein, sondern auch noch ein Mathe-As?

Bis endlich der Pausengong durchs Gebäude hallte, schien es ewig zu dauern. Jan hatte es eilig rauszukommen. Doch er hatte Pech: Direkt vor ihm im Gang stand Kevin mit ein paar seiner Freunde. Ein Grüppchen in hippen Klamotten. Auch ein paar Mädchen waren dabei und himmelten die Jungs an. Jan versuchte, sich an ihnen vorbeizudrücken, doch Kevin hatte ihn schon gesehen. »Du hast nur zwei Punkte? Das ist ja krass. Mann, raffst du das wirklich nicht? Ist doch voll leicht!«

»Aber nicht, wenn man nix in der Birne hat«, schob einer seiner Freunde nach.

In diesem Moment brannte bei Jan eine Sicherung durch. »Ich hab verdammt noch mal genauso viele graue Zellen wie ihr! 100 Milliarden Nervenzellen, wenn ihr's genau wissen wollt!«

»Ach ja?« Kevins Grinsen wurde noch breiter. »Ganz sicher?«

»Ihr werdet schon sehen, nächstes Mal kriege ich mindestens 13 Punkte!«, entfuhr es Jan.

Das Rudel wieherte los. Jan hätte sich treten können. Wieso in aller Welt hatte er so einen Mist gesagt?

»Heeeyyyy ... und das sollen wir glauben?« Kevin schüttelte den Kopf. »Was wettest du darauf? Vielleicht deinen Computer? Könnt ich ganz gut gebrauchen.«

Meinen Computer! Es durchzuckte Jan, als wäre er auf einen Reißnagel getreten. Seinen Computer, den er sich mühsam durch Englisch-Nachhilfe bei begriffsstutzigen Achtklässlern zusammengespart hatte. An dem er so viele Nachmittage und Abende verbrachte.

»Oder willst du lieber kneifen?«, fragte Kevin freundlich. Scheißfreundlich.

Jan wurde klar, dass das nicht infrage kam. Sonst brauchte er sich in dieser Schule nicht mehr blicken lassen. So was sprach sich blitzschnell herum. Und er wurde jetzt schon selten zu Partys eingeladen, weil er mit kaum jemandem in seiner Klasse richtig befreundet war.

Jan straffte die Schultern. »Nein. Ich kneife nicht.«

»Also dann: Die Wette gilt.«

Plötzlich war Miri an seiner Seite und blitzte Kevin kampflustig an. »Mein Bruder hat es nicht nötig, sich von einer Dumpfbacke wie dir blöd anmachen zu lassen! Adios!«

Sie zog ihn in eine stille Ecke hinter dem Schulkiosk. Erst als niemand sie

mehr belauschen konnte, sagte sie: »Shit, wieso hast du denn *das* gesagt? Der Typ bringt es fertig und nimmt dich beim Wort!«

»Ich weiß auch nicht«, sagte Jan. »Irgendwie war ich … ich bin einfach wütend geworden. Und dann ist es mir rausgerutscht.«

Miri legte ihm eine Hand auf den Arm. »Lass dich nicht unterkriegen.«

»Du hast gut reden«, meinte Jan bitter. Jeder mochte Miri. Sie hatte fast nur Supernoten, und in Physik und Mathe schaffte sie immerhin acht bis neun Punkte. Außerdem war sie mit ihren dunklen Haaren und grünen Augen richtig hübsch. Obwohl sie sich fast nie aufdonnerte. Meist trug sie einfach ihre Wildlederjacke, ein T-Shirt und Jeans.

»Papa wird sich schon nicht so drüber aufregen«, versuchte Miri ihn zu trösten. »Vielleicht besorgt er dir einen Nachhilfelehrer. Aber das ist doch nicht so schlimm. In den anderen Fächern bist du ja gut.«

»Vielleicht habe ich wirklich einen Knoten im Gehirn – da, wo eigentlich die Physik hingehört«, sagte Jan niedergeschlagen.

»Quatsch! Das liegt nur an diesem bescheuerten Brilli. Er kann einfach nicht erklären. Wieso darf so ein Typ überhaupt Lehrer werden? Den hasst doch jeder.«

»Kann ja sein. Aber ich werde ihn, wenn ich Pech habe, noch ein paar Jahre genießen dürfen. Er unterrichtet ja auch viele Grundkurse.«

Als sie heimkamen, war ihre Mutter nicht da. Sie arbeitete in einer Kanzlei und würde erst gegen fünf wieder zu Hause sein.

»Sagst du's ihnen? Das mit der Arbeit?«, fragte Miri und spielte mit dem schwarz-weißen Stein, der an einer Lederschnur um ihren Hals hing. Sie hatte ihn im letzten Urlaub in Spanien gefunden, als sie mal wieder mit Rucksack und Zelt unterwegs gewesen war.

»Nee. Außer sie fragen mich.« Jan verschwand in sein Zimmer. Er konnte sicher sein, dass ihn Miri niemals verpetzen würde. Schon allein deshalb, weil er wusste, dass sie bei ihren Trips durch Europa oft per Anhalter fuhr, obwohl die Eltern das verboten hatten.

Er hatte seine Zimmertür mit einer Lichtschranke und einem Zähler verbunden. Das rote Display zeigte an, dass er in diesem Monat der 250. Besucher war. Genervt warf sich Jan auf sein Bett und schaute hoch zu der Zeichnung, die ihn Arm in Arm mit John Lennon, Indiana Jones und dem *Alien*-Monster zeigte. Er hatte sie letztes Jahr gemacht und an seine Zimmerdecke geklebt. Es ärgerte ihn immer mehr, dass Lennons Gesicht nicht so gut gelungen war. Vielleicht sollte er das Ding mal abnehmen. Aber das Monster gefiel ihm immer noch.

Wenn er den Blick nach links schweifen ließ, sah er, dass seine Modelle berühmter Gebäude oben auf seinem Kleiderschrank allmählich Staub ansetzten. Er hatte sie vor ein paar Jahren gebaut, mit seinem Vater zusammen. Der hatte schon immer Architekt werden wollen und dann doch Betriebswirtschaft studiert, weil man damit angeblich garantiert einen Job fand. Jan hatte auch lange Architekt oder Stadtplaner werden wollen. Zurzeit war er sich nicht so sicher.

Jan schaltete seinen Computer an. Jetzt ein bisschen *SimCity* spielen, sich ein paar Stunden darin versenken. E-Mails beantworten vielleicht. Nicht über die Schule nachdenken müssen. Er legte eine seiner Pink-Floyd-CDs ein und startete das Programm. Außer ihm hörte in der ganzen Schule niemand Pink Floyd. Aber er war sowieso nicht hip, da kam es auch nicht mehr drauf an, ob er die richtige Musik hörte oder nicht.

Irgendwann schaute sein Vater zur Tür herein, noch in Hemd und Krawatte, so wie er von der Arbeit gekommen war. Der elektronische Zähler klickte eine Stelle weiter. »Na, wieder ein paar neue Bauwerke hingestellt?«

»Ja, klar«, sagte Jan und blickte gleich wieder auf den Bildschirm. Nur jetzt mit niemandem reden müssen. Er musste diese blöde Wette einfach gewinnen. Alles andere wäre eine Katastrophe. Keine E-Mails mehr? Kein *SimCity*? Kein Mitdiskutieren in der Terry-Pratchett-Newsgroup? Das kam gar nicht infrage!

Eigentlich konnte nur noch ein Wunder ihn retten. Aber so etwas gab es nicht. Oder?

Es wäre wirklich ein Wunder, wenn dieses Ding endlich mal funktionieren würde, wie es soll, dachte Andy Zero erbittert. Wie konnte ich nur so was konstruieren?

Mit seinen 24 Jahren war Andy der jüngste Captain der United-Galaxy-Alliance-Flotte, und er gab sich Mühe, seiner Rolle angemessen mit Würde aufzutreten. Nur war das nicht ganz leicht, wenn man kopfüber über der Außenhülle seines Schiffs hing und versuchte, etwas an einem Tachyonentriebwerk zu reparieren. Das Haar hing ihm über das Gesicht, er schwitzte, und sein Overall hatte eben einen neuen Fleck abbekommen. Zu allem Überfluss war ihm gerade auch noch der Magnetfeldschraubenzieher aus der Hand gefallen und irgendwo in den Tiefen des Maschinenraums verschwunden.

»Na, mal wieder Problemchen mit Ihrer Mühle?«

Andy erkannte die Stimme sofort. Professor Dillitzer! Andy fluchte innerlich und versuchte, sich aufzurichten und über den Rand des Rumpfes zu spähen. Johannes Dillitzer blickte mit einem schadenfrohen Lächeln zu ihm hoch. Wie immer war er makellos gekleidet, diesmal in einem anscheinend nagelneuen Anzug aus blauer arkturianischer Seide. Und wie immer sah er aus, als hätte er den Kopf eben erst in die Frisiermaschine gesteckt.

»Nicht mehr Probleme als Sie mit Ihrer«, sagte Andy und versuchte, genauso hochmütig zu klingen. Was nicht besonders gut glückte. »Und, sind Sie schon weitergekommen? Sie wissen schon, mit der Formel?«

Das saß. Mürrisch blickte Dillitzer ihn an.

Andy und Dillitzer hassten sich schon seit Jahren heiß und innig. Dillitzer forschte mit seinem Team auf dem gleichen Gebiet, doch irgendwie schaffte er es im Gegensatz zu Andy immer, reichlich Gelder dafür bewilligt zu bekommen. Ständig war er im *galaxy.wide.web* zu sehen, wo er mit wichtigem Gesichtsausdruck über wissenschaftlichen Fortschritt referierte. Sein größtes Ziel bestand darin, die Weltformel zu finden. Doch in einem schwachen Moment ganz zu Anfang seiner Karriere, nach etlichen Gläsern synthetischen Whiskys, hatte er Andy gestanden, dass es ihm im Grunde gar nicht um die Erkenntnis ging. Sein Ziel war es, Wissenschaftsminister zu werden. Und es war klar, dass dieser zweitwichtigste Posten in der United Galaxy Alliance (UGA) demjenigen so gut wie gehörte, der die Weltformel fand.

Andy war ein Tüftler. Für ihn war der Gedanke, womöglich zum Wissenschaftsminister ernannt zu werden, entsetzlich. Aber er wollte nicht, dass Dillitzer es wurde. Und die Suche nach der Weltformel faszinierte ihn, er saß während langer Raumflüge oft auf der Kommandobrücke und rechnete das Problem durch. Aber auch er war in letzter Zeit nicht wirklich weitergekommen, und so hatte er sich auf die Weiterentwicklung des Photonentunnels konzentriert. Viele Jahre lang war dieser Tunnel nur zur schnellen Übermittlung von Nachrichten benutzt worden, doch Andy hatte sich vor kurzem eine Methode patentieren lassen, wie man damit auch durch Zeit und Raum reisen konnte. Sicher und bequem funktionierte das noch nicht, der neue Tunnel befand sich noch nicht einmal in der Beta-Test-Phase. Aber das hatte Dillitzer nicht daran gehindert, ihn prompt auch in sein Schiff einbauen zu lassen, als er von dem Patent erfahren hatte.

»Warum lassen Sie Ihre Kiste nicht mal verschrotten?«, fragte Dillitzer. »Sie ist doch sowieso längst veraltet.«

Meinte der etwa die *Magellanus*? Beleidigt legte Andy eine Hand auf den geschwungenen Rumpf seines Schiffes. Er allein hatte das Recht, über sie zu meckern. Gut, sie war nur ein Prototyp, die Experimentalversion eines Schiffs, das vielleicht später einmal in Serie gefertigt werden würde. Und nach zahllosen Reparaturen und Konstruktionsänderungen sah sie ziemlich zusammengestückelt aus. Aber er hatte sie selbst mit entwickelt. Vor einem Jahr hatte sich die Flotte entschieden, ihm die *Magellanus* zur freien Verfügung zu stellen, damit er sie über einen längeren Zeitraum testen konnte.

»Längst veraltet? Was meinen Sie damit? Sie ist das Neueste und Schnellste, was es gibt!«

Dillitzer lächelte überlegen. »Wenn Sie sehen wollen, was Geschwindigkeit heißt, dann kommen Sie mal um 10.34.00 Galaxy Standard Time zum Ereignis des Jahres!«

»Wieso? Was ist denn da los? Ereignis des Jahres …?«

»Werden Sie schon sehen. Gehen Sie einfach zur Abwechslung mal ins *galaxy.wide.web*. Alle wichtigen Medien berichten schon darüber.«

Was der Kerl wohl meinte? Aber egal. Andy war froh, dass Dillitzer endlich weg war und er in Ruhe am Antrieb seines Schiffs weiterarbeiten konnte.

Als er das Problem behoben hatte und sich mit einem Glas White Dwarf auf der Kommandobrücke entspannte, wanderten seine Gedanken wieder zu seinem Photonentunnel. Wenn er in den nächsten Tagen konzentriert daran arbeitete, konnte er vielleicht die neuen Funktionen fertig bekommen. Aber es kam nicht infrage, sie hier in der Gegend von Alpha Centauri zu testen, in jenem Sternensystem, in dessen Umlaufbahn sich die Raumstation Alpuri befand. Wenn Dillitzer davon Wind bekäme, würde der Negg diese Idee auch noch übernehmen. Nein, es war wohl besser, er flog mit der *Magellanus* zu einem der Nachbarsterne. Es gab da eine kleine, gelbe Sonne mit einem Schwarm recht netter Planeten, die sich für seine Experimente blendend eignete. Ja, die Erde. Er war lange nicht mehr dort gewesen. Die Erde war genau das Richtige dafür.

Sonntag Abend. Schon. Und Jan hatte immer noch keinen Durchblick! Eigentlich war es ja auch eine Zumutung, Jugendliche mit so abstrakten Dingen wie Relativitätstheorie zu quälen. Er hatte seinen Vater oft sagen hören, dass er das selber auch nie kapiert hatte. Aber für den war das ja auch kein Problem. Er hatte einen guten Job in der Verwaltung eines Konzerns und hatte schon seit Jahrzehnten keine Prüfung mehr schreiben müssen.

Jan warf sich wieder einmal aufs Bett und starrte an die Decke. Als Miri durch die Tür schlüpfte, war er so niedergeschlagen, dass er nicht einmal den Kopf hob.

»Tena koe, e tama«, flüsterte Miri.

Inzwischen wusste Jan, dass das auf Maori eine Begrüßung war. Manchmal war es schon etwas anstrengend, dass Miri so für Neuseeland schwärmte. Aber das war immer noch besser als ihre Taoismus-Phase vor zwei Jahren, als sie alle mit ihrem Gerede über asiatische Philosophie genervt hatte. Sie hatte ihre Eltern sogar dazu breitgeschlagen, die Möbel im Wohnzimmer nach Feng-Shui-Prinzipien aufzustellen. Wenn Miri etwas wollte, konnte sie sehr hartnäckig sein.

»Na, wie steht's? Morgen zeigst du's ihnen, was?«

Morgen war die Physikarbeit. Die entscheidende Physikarbeit, die er nicht verhauen durfte. Auf gar keinen Fall!

»Ich glaube, ich habe jetzt keine Lust, darüber zu reden«, sagte Jan.

»Okay. Wollen wir schnell noch im Dostojewski was trinken gehen? Wenn du jetzt noch weiterpaukst, kriegst du doch nichts mehr in den Kopf rein.«

»Stimmt. Ja, ist vielleicht eine gute Idee.« Jan setzte sich auf. Er hoffte, dass sie wenigstens niemand aus seiner Klasse treffen würden. Die sah er morgen noch früh genug.

Der Weg zum Dostojewski führte durch den Stadtpark. Beleuchtung gab es hier keine, deswegen gingen nachts auch wenige Leute hier entlang. Aber Miri kramte aus ihrem schwarzen Lederrucksack, ohne den sie nie irgendwohin ging, eine Taschenlampe heraus. Der runde Lichtfleck zeichnete sich vor ihren Füßen auf dem Schotterweg ab.

»Finde ich gut, dass sie endlich mal eine Laterne hier aufgestellt haben«, sagte Miri.

»Was? Quatsch, hier gibt's keine Lampen.«

»Da vorne ist aber ein Licht. Sieht ein bisschen komisch aus. Hast du eine Ahnung, was das sein könnte?«

Jan blickte auf. Links von ihnen, kaum fünf Meter entfernt, war ein dunkelvioletter Schein. Ja, das sah seltsam aus. Und zwar nicht nur ein bisschen. »Wie Schwarzlicht in einer Disco.« Er richtete die Taschenlampe auf das Licht – und sah nur Büsche und Bäume. Doch kaum hatte er die Lampe zurück auf den Weg gerichtet, war das violette Licht wieder da. Nach und nach wurde es dunkelblau. Dann immer heller ...

»Gehen wir mal hin«, schlug Miri vor. Sie gingen ein paar Schritte ...

... und auf einmal fühlte Jan, wie sein Magen einen Satz machte. Ein dunkler Wirbel, der ihn erfasste, blaues Licht, das seinen Augen wehtat. Er fühlte keinen Boden mehr unter seinen Füßen! Jan stieß einen Schrei aus und hörte, wie seine Stimme von einer Wand widerhallte. Es klang, als sei er nicht mehr im Park, sondern in einem Zimmer! Einem Zimmer, in dem jemand ganz entsetzlich fluchte. Eine Männerstimme. Jan verstand nur die Hälfte. Er fragte sich, warum er plötzlich auf dem Boden lag. Wo war Miri? War ihr etwas passiert?

Allmählich wurde es wieder hell um ihn. Verstört blickte sich Jan um.

Er befand sich tatsächlich in einem Zimmer mit grauen Wänden und einer Tür. Vor ihm stand ein Mann in einem silbergrauen Overall und starrte ihn hilflos an. »Es tut mir schrecklich leid«, sagte er. »Eigentlich wollte ich ein Kaninchen. Oder wie man diese Biester nennt. Du weißt schon, die mit den seltsamen Ohren. Ich muss mich bei den Koordinaten vertippt haben.«

Jan starrte. Dann sah er sich nach Miri um. Sie saß neben ihm und machte ebenfalls große Augen. »Wo ist der Park?«, fragte sie Jan. »Eben waren wir noch im Park ...«

»Gleich seid ihr wieder im Park«, sagte der Mann und tippte wie wild auf eine kleine Konsole an seinem Handgelenk ein. »O nein ... die Koordinaten ... Gigashit! Nicht gespeichert ... und jetzt ist das Ding auch noch abgestürzt ...«

Jan stand auf und klopfte sich den Staub ab. Allmählich wurde er neugierig. »Haben Sie uns entführt oder so was?«

Jetzt wurde der Mann tatsächlich rot. »Nicht wirklich. Moment noch, ihr seid gleich wieder daheim. Moment ... tork, wieso funktioniert das nicht ...«

»Ich würde schon ganz gerne wissen, wo wir eigentlich sind«, sagte Miri energisch. »He, ist das ein Problem oder was?«

Seufzend ließ der Mann die Konsole sinken. Jan musterte ihn interessiert. Er war nur ein bisschen größer als er selbst, hatte lustige braune Augen und rotbraune Haare, die aussahen, als hätten sie schon eine Weile keinen Friseur mehr gesehen. Auf seinem Overall war ein seltsames Abzeichen. Vielleicht waren sie versehentlich in ein geheimes Militärexperiment hineingeraten? Aber nach Militär sah der Typ nicht gerade aus ...

»Es ist alles meine Schuld«, sagte der Fremde. »Ich hätte meinen weiterentwickelten Photonentunnel irgendwo anders testen sollen. In einer abgelegeneren Gegend.«

»Ja, aber wo sind wir hier eigentlich?«

»Äh, in einem Raumschiff. In meinem Raumschiff. Der *Magellanus*. Sie liegt im Moment in einer Umlaufbahn um die Erde. Ach ja, und ihr seid im 23. Jahrhundert.«

»Cool«, sagte Jan. Nicht, weil er überzeugt war. Sondern weil man auf so eine hirnrissige Behauptung einfach etwas Witziges sagen musste.

»Das glaubt uns daheim kein Schwein«, seufzte Miri. »Und ich bin noch nicht ganz sicher, dass ich es glaube. Hier sieht es gar nicht aus wie in einem Raumschiff.«

Der Mann lächelte. »Das hier ist nur die Kabine, in der ich manchmal ein bisschen experimentiere. Hier geht's zum Cockpit ... Ach ja, ich bin übrigens Andy Zero. *Captain* Andy Zero.«

Jan und Miri folgten ihm neugierig, denn es hatte sich nicht so angehört, als würde der Mann scherzen. Die Tür wich vor ihnen zurück – und ein paar Atemzüge später standen sie in der Mitte eines großen Raumes. Sieht immer noch nicht so aus wie in den Raumschiffen im Film, dachte Jan. Jedenfalls nicht so geleckt sauber. Eher wie eine Studentenbude. Verpackungen, in denen Lebensmittel gewesen sein mochten, blau glänzende Scheiben, die wahrscheinlich Datenträger waren, eine Hand voll kleiner Spiegelwürfel, eine Uniformjacke, Geräte, Ausdrucke, eigenartig geformte Werkzeuge, alles lag wild durcheinander herum. Anderes brachte Jan zum Staunen: Da waren Displays, die im Raum schwebten, Konsolen mit Kontakten und Anzeigen, ein silberner Helm und im Zentrum mehrere Bildschirme, auf denen Sterne glitzerten.

Während Jan und Miri wie erstarrt im Türrahmen standen, räumte der junge Captain einen der vier Sessel frei, die im Raum verteilt waren, und setzte sich mit einem Aufseufzen. »Das war wirklich high deff, dass ich euch versehentlich hergeholt habe. Die werden mich degradieren, wenn sie davon erfahren!«

»Wovon? Von uns?«, fragte Jan, der immer neugieriger wurde.

Beunruhigt blickte der Captain sie an. »Ihr dürft niemandem davon erzählen – aber wirklich niemandem! Vor allem Dillitzer darf auf gar keinen Fall Wind davon kriegen ... der Mann ist wirklich minus, ein echter Negg.«

Wer wohl Dillitzer war? Und was zum Geier war ein Negg? »Ich verstehe nur die Hälfte«, beklagte sich Jan. »Versuchen Sie einfach mal so zu reden, als wären Sie in einem historischen Film.«

»Ich versuch's«, versprach Andy Zero verlegen.

Miri meldete sich zu Wort: »Okay, und jetzt bringen Sie uns zurück, ja?«

Jan ahnte, warum sie zurück wollte: Sie war morgen mit Heike und Birgit zu einem Kinoabend verabredet. Schnell zog Jan sie beiseite. »Aber das kannst du doch nicht bringen!«, zischte er. »So was wie hier erleben wir nie wieder! Diesen blöden Film kannst du dir doch auch ein andermal anschauen.«

Miri dachte nach – und an ihrem Gesichtsausdruck sah Jan, dass ihre Abenteuerlust die Oberhand gewann. »Du hast Recht. Vielleicht zeigt er uns ein paar andere Planeten und Sterne. Das wäre wirklich spannend. Aber dann soll er uns mit seiner Zeitmaschine zu genau diesem Sonntagabend zurückbringen – runterbeamen oder was auch immer.«

Der Captain hatte mitgehört und räusperte sich. »Äh, ich fürchte, da gibt es ein kleines Problem, Scouts. Ich kann euch zwar zurückbringen, aber da ich die genauen Koordinaten nicht mehr habe, könntet ihr versehentlich zwei, drei Jahre früher oder später ankommen. Tut mir leid. Hoffe, das macht euch nichts aus.«

Jan war entsetzt. »Aber morgen ist meine Physik-Klausur! Wenn ich nicht komme, denken die, ich habe gekniffen!«

»Was ist eine Physik-Klausur?«, fragte der junge Captain interessiert.

»Eine Prüfung. Eine sehr wichtige.« Doch dann sah Jan einen plötzlichen Hoffnungsschimmer. »Sie verstehen etwas von Physik, oder?«

»Machst du Witze? Ich habe Astrophysik studiert! Außerdem habe ich mir in den letzten Jahren einen Namen als Forscher gemacht. Aber ihr könnt mich trotzdem duzen.«

»Vielleicht könnten Sie ... könntest du ... mir ein bisschen was erklären ...« Jan wusste nicht, wie er es ausdrücken sollte. »Einstein und so ... diese ganzen Theorien.«

»Du meinst die Relativitätstheorie.« Andy Zero lachte; es war ein sympathisches Lachen, fand Jan. »Keine Ahnung, ob ich dir so was erklären könnte. Ich bin nun mal kein Lerntutor.«

»Aber du kannst es versuchen.« Jan war noch nicht bereit, locker zu lassen.

»Na gut. Wenn ihr mitkommt, kriegt ihr ganz von selbst eine Menge mit, schätze ich.«

»Mitkommen wohin?«, fragte Miri skeptisch und klammerte sich an ihren Lederrucksack, der immer noch über ihrer Schulter hing.

»Auf meine Forschungsflüge. Ich habe eine Formel aufgestellt und versuche gerade, sie durch Daten zu bestätigen. Also bin ich viel im Weltall unterwegs, um solche Daten zu sammeln. Und jetzt, mit dem weiterentwickelten Photonentunnel, habe ich eine Menge neuer Möglichkeiten. Neulich war ich sogar bei einem Pulsar, das ist der Rest eines toten Sterns, der sehr schnell rotiert.« Der Captain sah sie nachdenklich an. »Ich könnte ganz gut ein bisschen Hilfe gebrauchen. Die Flotte hat keinen Kopiloten für mich gehabt. Das heißt, ich fliege im Moment alleine. Ganz schön öde und anstrengend, kann ich euch sagen. Vor allem, wenn man bedenkt, dass Dillitzer vier Leute hat. Vier!«

Jan fühlte sich immer noch elend. »Aber diese verdammte Physikarbeit am Montag ...«

»Wenn ich eine Weile mit dem Tunnel experimentiert und die Sache mit dem Rechner durchgecruncht habe, schaffe ich es vielleicht, die Koordinaten zu rekonstruieren«, sagte Andy Zero und verzog das Gesicht, als er merkte, dass ihm wieder ein neuer Ausdruck herausgerutscht war. »Es ist also noch nicht alles verloren. Also, was ist, Scouts, wollt ihr gleich zurück – oder kommt ihr erst mal mit?«

Jan und Miri sahen sich an. Und nickten.

»Wir kommen mit«, sagte Jan und versuchte, seine Stimme fest klingen zu lassen. In seinem Bauch spürte er ein seltsames Gefühl. Eine Mischung aus Angst und Erwartung. Und das war meilenweit besser als das, was er noch vor einer Stunde – oder eher vor zweihundert Jahren – gefühlt hatte.

Jay-Five

Dopplereffekt – Einstein und seine Zeit

»Zeit für einen kleinen Rundgang«, kündigte Andy an und grinste dann verlegen. »Und wenn ich klein sage, meine ich klein. Die *Magellanus* ist nur 30 Meter lang.«

Jan und Miri tauschten Blicke. Das war immerhin so lang wie drei Laster mit Anhänger. Neugierig steckte Jan seinen Kopf in den Triebwerksraum, der mit verwirrenden, sehr beschäftigt wirkenden Maschinen voll gestopft war. In die Kochnische, in der es ein Display, ein paar Schränke, eine Menge eigenartig riechender Behälter und sonst nicht viel gab. In den Wohnbereich, dessen Wände sich mit tanzenden Grafiken à la Bildschirmschoner selbst dekorierten. Jan wurde fast schwindelig vom Zuschauen.

»Hier könnt ihr euch einrichten, Scouts«, sagte Andy und zeigte ihnen einen schlichten Raum mit zwei Dingern, die Jan an gepolsterte Hängematten erinnerten, und mit einer Säule aus weißem Glas, die hoffentlich das Bad war. Auch einen Blick in Andys Kabine durften sie werfen. Über seinem Schlafkokon lag ein bläuliches Fell, das sich immer mal wieder bewegte. Jan war sich nicht ganz sicher, ob es ein Fell ohne Tier oder ein Tier mit Fell war. Beeindruckt schaute er sich die Hologramme von Raumschiffen und außerirdischen Pflanzen an, die die Wände bedeckten.

»Alles Schiffe, die ich früher mal geflogen habe«, sagte der Captain stolz. »... und ein paar botanische Nettigkeiten. Die waren wirklich frizzy.«

»Na ja, ein paar von denen würde ich nicht so gerne im Dunkeln begegnen«, sagte Miri und verschränkte die Arme.

»Ach, mit denen würdest du schon klarkommen«, sagte Jan. Er traute seiner Schwester eine Menge zu, seit er gesehen hatte, wie sie einen Randalierer in der U-Bahn zur Sau gemacht hatte. Ein gezielter Tritt in die Fortpflanzungsorgane oder was auch immer ein Monster so hat, und auch das schleimigste Wesen würde Miri Ellers in Zukunft weiträumig ausweichen.

Zurück im Cockpit warf sich Andy in den einzigen freien Sessel und machte es sich gemütlich. Jan zuckte mit den Schultern und räumte sich einen anderen Sitzplatz frei, Miri ließ sich auf dem Boden nieder.

»He, Pi!«, sagte Andy. Mitten im Raum leuchtete ein großes dreidimensionales Fragezeichen auf, das sich um seine eigene Achse drehte. »Wir brauchen zwei Datascreens. Nimmst du bitte Maß?«

»Aber klar doch«, erwiderte eine körperlose Frauenstimme. Sie klang ein wenig rauchig und ziemlich sexy – fast wie eine Bluessängerin, fand Jan ein bisschen neidisch. Ob man so was bei einem Mac-Rechner wie seinem irgendwie nachrüsten konnte ...?

»Wir kriegen irgendwas nach Maß?« Miri schaute neugierig drein. »Wer macht das? Eine Horde kleiner Roboter-Heinzelmännchen?«

»Mein Sculptor. Ein Gerät, das Moleküle zu Gegenständen zusammensetzen kann, ganz nach Bestellung. Ziggy, was?«

»Hä?«

Zwei blaue Lichtbalken wanderten von oben nach unten über Jans und Miris Kopf. Jan zuckte zurück – und schrie dann auf. Irgendetwas traktierte seinen linken Arm mit kleinen Elektroschocks! Er stellte fest, dass er an eine Art lilafarbene Pflanze gekommen war, die in einer Ecke der Brücke stand und mit ihren Hunderten von Tentakeln wie eine besonders üble Seeanemone aussah. »Scheiße! Ist die giftig?«

»Aber nein. Das ist nur Gerda. Ein Medusid vom Sirius«, sagte Andy. »Tu ihr nicht weh, ja?«

»Aber nur, wenn *sie* uns nicht wehtut«, sagte Jan und betastete seinen Arm. Schien alles noch ganz zu sein.

Ein leises Zischeln ertönte, und auf einmal lag in einer Wandnische ein Paket.

»Na endlich, der Sculptor ist fertig«, freute sich Andy und fischte zwei Brillen mit leicht verspiegelten Gläsern heraus. Er drückte ihnen je eine in die Hand. »Hier – das könnt ihr brauchen. Das schützt euch vor der Strahlung des Tunnels und macht wett, dass ihr keinen Chip im Gehirn habt. Guckt einfach in die linke obere Ecke, wenn ihr einen Begriff hört, den ihr nicht versteht, klar?«

»Du hast einen Chip im Gehirn?« Miri blickte schockiert drein. »*Implantiert?* Was kannst du damit machen?«

»Berechnungen, Daten speichern. Erkläre ich euch später. Wir müssen uns auf den Rückweg machen nach Alpuri, meiner Heimatstation. Ich hab da so was wie eine Verabredung. Eine wichtige Verabredung.«

»Ich würde gerne noch die Brille ausprobieren ...« Jan guckte immer wieder in die linke Ecke der Gläser, aber nichts passierte. Enttäuscht fummelte er am Gestell herum.

»Wir fliegen besser nicht mit dem Tunnel, sondern erst mal mit den normalen Triebwerken«, sagte Andy. »Das dauert zwar länger, aber ich habe keine Lust, noch einmal so eine kleine Panne zu riskieren wie vorhin. Muss das Ding erst noch ein bisschen debuggen. Außerdem kostet jede Zeitreise eine Menge Energie, und ich habe nicht mehr so richtig viel Saft im System.«

Kleine Panne?! Miri öffnete den Mund, um etwas zu sagen. Sie konnte ihn gleich offen lassen, denn gerade warf ihnen Andy je eine kleine blaue Tablette zu.

»Hier, schluckt das. Das macht die Beschleunigung für den Körper leichter zu ertragen. Wir müssen nämlich eine Weile mit 7 G beschleunigen. Siebenfache Erdanziehungskraft, das ist nicht so richtig frizzy.«

»Das ist vor allem ganz schön viel!« Miri betrachtete die Tablette besorgt von allen Seiten. Sie war kein Fan der Pharma-Industrie und benutzte eigentlich nur Naturheilmittel. »Das heißt ja ... dass wir gleich 420 Kilo wiegen! Pro Person!«

»Mahlzeit«, sagte Jan und würgte die Pille hinunter. Schmeckte gar nicht mal schlimm.

»Tja, das stimmt«, sagte Andy Zero zu Miri. »Aber das Abnehmen geht in diesem Fall ziemlich schnell. Sobald wir nicht mehr beschleunigen, wiegt ihr wieder so viel wie vorher. Festhalten!«

Im letzten Moment stopfte sich Miri die Tablette in den Mund. Dann wurden sie heftig in ihre Sitze gedrückt. Immer tiefer, bis sich Jan so platt fühlte wie ein Frosch nach der Begegnung mit einem Lkw auf der Autobahn. Es fiel ihm schwer, Luft zu holen, und ihm war schwindelig. Und auf den Monitoren spielten sich seltsame Dinge ab: Die Sterne auf dem einen Bildschirm verfärbten sich, wurden ein bisschen heller und blauer. Auf einem anderen Monitor dagegen wurden sie röter.

»Wie lange ... geht das noch?«, keuchte Jan. Er versuchte eine Hand zu heben und schaffte es nicht.

Andy war von ihren Qualen nicht beeindruckt. »Noch eine Weile – aber keine Sorge, gleich wirkt das Anti-G!« Er hatte Recht, nach ein paar Minuten fühlten sie sich besser.

Jan atmete tief durch und entspannte sich etwas. »Sag mal, was ist eigentlich mit den Sternen los?«, fragte er und deutete auf die beiden Monitore.

»Ach, das. Der eine zeigt, was vor dem Schiff ist, der andere, was hinter der *Magellanus* liegt.« Andy blickte stirnrunzelnd auf die Monitore. »Meinst du die

Farbe der Sterne? Das nennt man den Dopplereffekt. Ist ganz gut, dass ihr fragt – dem guten alten Dopplereffekt begegnet man bei physikalischen Phänomenen nämlich ständig. In Wirklichkeit verändern sich die Sterne nicht. Sie sehen nur anders aus, je nachdem, aus welcher Perspektive du sie beobachtest.«

»Aber warum rot und blau?«

»Kurze Lichtwellen sieht das Auge als Blau und lange als Rot. Wenn du richtig schnell fliegst und den Sternen entgegenrast, dann werden die Lichtwellen vor dir zusammengedrängt und werden kürzer. Blauverschiebung! Hinter dir passiert genau das Gegenteil, die Lichtwellen müssen dich erst einholen und wirken auseinander gezogen – Rotverschiebung!«

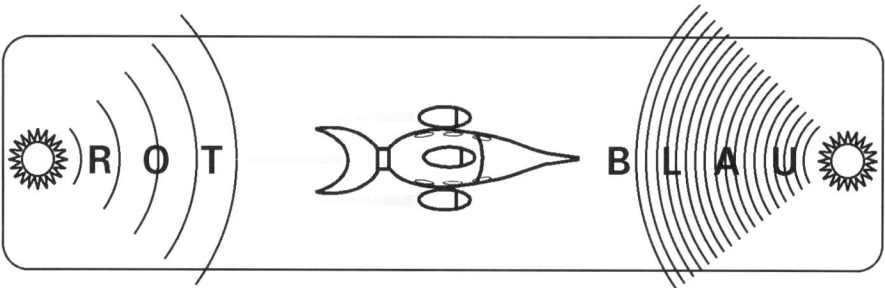

»Ach so.« Miri schaltete sich ein. »Ich kenne das auch – wenn einem ein Krankenwagen entgegenkommt, klingt die Sirene erst ziemlich hoch. Aber wenn er an einem vorbeigefahren ist, klingt sie auf einmal tiefer.«

»Genau. Auseinander gezogene Schallwellen ergeben einen tieferen Ton. Aber wenn du im Auto drin sitzt, klingt der Ton natürlich immer gleich.« Andy rief auf den Displays ein paar Navigationskarten auf. »Hm, wenn wir jetzt einen direkten Kurs nach Alpha Centauri steuern ...«

»Wie schnell sind wir jetzt eigentlich?«, fragte Jan neugierig. Er schaute sich vergeblich nach einem Tacho um.

»Oh, im Moment ein paar Zehntausendstel der Lichtgeschwindigkeit.«

»So langsam!« Jan war verblüfft. »Ich dachte immer, ihr würdet mit Warp-Geschwindigkeit fliegen oder so ...«

Andy Zero wirkte ein bisschen beleidigt. Anscheinend hatte Jan einen wunden Punkt getroffen. »Die *Magellanus* kann natürlich viel schneller. Aber nur, wenn keine weichen Wesen an Bord sind, die zu einem großen Teil aus Wasser bestehen. So wie wir eben. Unbemannt kommt sie in zehn Sekunden von null auf 50 000 Stundenkilometer! Beim Trans-Centauri-Rennen hat sie den dritten Platz belegt! Die Triebwerke schaffen eine Beschleunigung von 140 G ...«

»Andy ...«

»... und überhaupt, es kommt ja drauf an, wie lange man beschleunigt. Wenn wir drei Monate mit 7 G durch die Gegend revven, könnten wir es immerhin auf 95 Prozent Lichtgeschwindigkeit schaffen. Moment, ich zeig euch, was die *Magellanus* draufhat!«

»Du, Andy, das ist wirklich nicht ...«

Sie wurden noch tiefer in die Sitze gedrückt. Auf dem Monitor sahen sie, wie ein Planet vorbeihuschte und dann eine Menge kleinerer Gesteinsbrocken, denen die *Magellanus* geschickt auswich. Staunend beobachtete Jan, wie sie sich Jupiter näherten, dem rötlich gestreiften Riesenplaneten mit seinen vielen Monden. Doch das war's dann erst mal mit dem Gasgeben. Auf einem der Displays tauchte ein leuchtender Punkt auf: das Radarecho eines Schiffs. Eine Roboterstimme schnarrte: »Dies ist eine automatische Radarkontrolle. Sie sind dabei, mit mehr als Maximalgeschwindigkeit in den Sektor J-5 einzufliegen und sich einer Zuwiderhandlung nach Paragraph 23 des Raumgesetzbuchs schuldig zu machen ...«

»Oh, Shit«, sagte Miri. »Werden wir jetzt verhaftet?«

»Quatsch, das gibt nur ein Bußgeld«, meinte Jan. »Oder kennst du jemanden, der in den Knast gekommen ist, weil er zu schnell rumgedüst ist?«

»Nur keine Panik, das haben wir gleich«, sagte Andy und schaltete das Funkgerät ein. »Mach keinen Aufstand, Kleiner. Wir sind ja gleich weg.«

Jan verzog das Gesicht. So mit Bullen umzugehen war bestimmt ein gutes Rezept für Ärger.

Die Stimme des Roboterschiffs klang beleidigt. »Interessiert es Sie nicht, dass Sie mit dieser Raserei Energie und Ressourcen verschwenden?«

»Nein! Ich zahle meine Plasma-Rechnung pünktlich!« Andy knallte die Hand auf einen Knopf, und die Stimme verstummte. Grinsend sah er zu Jan und Miri hinüber. »Das sind alles nur leere Drohungen. Es gibt im Weltraum nur eine echte Geschwindigkeitsbegrenzung, und das ist laut Einstein die Lichtgeschwindigkeit. 300 000 Kilometer in der Sekunde.« Stirnrunzelnd blickte er wieder auf den Monitor. »Hat das Ding J-5 gesagt? Wir sind wirklich erst bei Jay-Five? Tork, ich glaube, wir müssen doch den Tunnel benutzen, sonst sind wir nie rechtzeitig bei Alpha Centauri. Außerdem sollte man nicht zu lange in Jay-Five rumblonzen, ist 'ne üble Gegend hier rund um Jupiter, an den interstellaren Kreuzungen sammelt sich das Gesocks ...«

»Woher konnte eigentlich Einstein wissen, wie schnell das Licht ist?«, fragte Miri.

Jan verdrehte die Augen. Was für eine bescheuerte Frage! Seine Bewegung schien die Brille aktiviert zu haben, denn plötzlich poppte direkt vor seinem rechten Auge ein kleines Fenster auf. Jan zuckte vor Schreck zusammen.

Albert Einstein (1879–1955) hat mit seiner Relativitätstheorie das gesamte Weltbild der Physik revolutioniert. Er wurde in Ulm geboren. In der Schule hatte er Probleme, weil er mit den Lehrern nicht klarkam – nicht, wie später oft behauptet wurde, weil er ein schlechter Schüler war. Er ging vor dem Abitur von der Schule ab, weil er mit seinen Eltern nach Italien zog, holte es aber später in der Schweiz nach (»Matura«). Nach dem Physikstudium in Zürich musste er sich, weil er seinen Professoren zu eigenwillig war, vorübergehend als Hilfslehrer Geld verdienen. Ein paar Jahre lang arbeitete er im Patentamt in Bern und grübelte in seiner Freizeit über physikalische Probleme nach. Oft diskutierte er diese Fragen auch mit Freunden in seinem kleinen Debattierclub »Akademie Olympia«. Allein im Jahr 1905, als er noch im Patentamt arbeitete, veröffentlichte er viele wichtige Artikel – einer davon enthielt schon die so genannte Spezielle Relativitätstheorie. Nach einem halben Jahr begann die wissenschaftliche Welt von diesem eigenartigen Patentbeamten Notiz zu nehmen. Es sollten aber noch viele Jahre vergehen, bis Einstein Professor wurde.

»Aha«, sagte Jan. Er wartete, bis sich die Brille abgeschaltet hatte, und hörte dann wieder zu, was Andy erklärte.

»... hat selbst keine Experimente durchgeführt, nur jede Menge Gedankenexperimente. Aber klar, er hat natürlich gewusst, was für Messungen die Forscher im 19. Jahrhundert durchgeführt hatten. Und er hat mitbekommen, dass man immer mehr Beobachtungen mit den physikalischen Theorien, die man damals hatte, nicht erklären konnte.«

»Zum Beispiel?«

»Ach, viele Sachen. Zum Beispiel Unregelmäßigkeiten in den Bahnen der Planeten. Aus manchen Experimenten hätten auch andere Physiker die richtigen Schlüsse ziehen können.« Andy schnippte mit den Fingern, und Pi blendete die Grafik eines sich drehenden Erdballs ein, um den herum eine große, durchscheinende Wolke waberte. »Michelson und Morley zum Beispiel waren mit ihrem Versuch auf der völlig falschen Spur. Sie wollten eigentlich den Äther erforschen – man nahm an, dass dieses Zeug, so eine Art dünnes Gas, das ganze Universum erfüllt.«

»Wie kamen die denn auf so was?« Miri schüttelte den Kopf.

»Na ja, die Wissenschaft dachte damals, dass die Lichtwellen irgendein Medium brauchen, um sich auszubreiten, so wie die Schallwellen sich zum Beispiel nur in Luft, Wasser und so etwas bewegen können ...«

»Daher kommt also der Ausdruck ›etwas durch den Äther schicken‹«, sagte Jan.

»Michelson und Morley dachten, dass dieser Äther in eine bestimmte Richtung strömen muss, wie der Wind eben. Und wenn man einen Lichtstrahl ›gegen den Wind‹ schickt, würde er langsamer sein und ›mit dem Wind‹ schneller. Ihr kennt das, oder? Normalerweise addieren sich die Geschwindigkeiten.«

Jan nickte ungeduldig. »Klar, ich weiß. Wenn man mit 10 Stundenkilometern in Fahrtrichtung in einem Zug entlangrennt, der 150 Sachen fährt, rennt man mit insgesamt 160 Stundenkilometern ...«

»Tja, aber das funktionierte in dem Fall nicht. Es stellte sich heraus, dass das Licht in beiden Richtungen gleich schnell war. Da addierte sich nichts.«

Zug = 150 km/h   Läufer = 10 km/h

150 km/h

10 km/h

160 km/h

»Ja, und?«, fragte Miri.

»Einstein schloss daraus, dass das Licht eine große Ausnahme ist. Seine Geschwindigkeit ist immer konstant, unter welchen Bedingungen man sie auch misst. Und er stellte die Behauptung auf, dass nichts schneller sein kann als das Licht. Den Gedanken hat er weitergesponnen und zu seiner Speziellen Relativitätstheorie ausgearbeitet.« Andy grinste. »Außerdem hat er nebenbei bewiesen, dass das mit dem Äther Blödsinn war und sich das Licht auch prima ohne ihn ausbreiten kann.«

Jan unterbrach ihn. »Das alles ist ja sehr spannend, aber sag mal, was meintest du eigentlich vorhin mit ›Gesocks, das sich hier in der Gegend rumtreibt‹?«

Etwas prallte mit einem metallischen »Klack« gegen die Bordwand der *Magellanus*.

»Hm, ich glaube, das kannst du dir gleich selber angucken«, knurrte Andy. »Pi, schwenk bitte einmal die Kameras. Mal schauen, was wir uns da eingefangen haben.«

Jan sah ein kleines silbriges Ding, das ein bisschen wie eine Spinne aussah und sich auf der Hülle der *Magellanus* festgesaugt hatte. Im selben Moment begannen alle Displays im Cockpit in rasender Geschwindigkeit Daten herunterzuscrollen. »Beim hüpfenden Neutrino, das Ding hat's geschafft, sich in mein System einzuklinken und meine Datenbank anzuzapfen!«, tobte Andy. »Hab ich's mir doch gedacht, es ist wieder einer von diesen miesen kleinen Suchrobotern der Zeugen Yahoos ...«

In diesem Moment bekamen sie Funkkontakt. »Wer suchet, der findet!«, sagte eine heitere, unschuldige Stimme. »Das ist meine Mission. Gesegnet seist du, aufgenommen wirst du werden in das Große Verzeichnis!«

»Ich will nicht, dass meine Daten indexiert werden! Scher dich fort, du kleines Stück Grosch!«

»Es tut mir furchtbar leid.« Die Stimme klang verlegen. »Aber ich darf euch wirklich nicht loslassen, bevor ich alle eure Daten ausgelesen habe.«

»Pi, Hülle unter Strom setzen«, befahl Andy. Ein kurzes Quieken im Funk. Der Suchroboter führte einen irren Tanz auf, wie ein Käfer auf einer heißen Herdplatte. Dann waren sie ihren Parasiten los, das Insekt trudelte in den Weltraum zurück.

»Wenn wir Glück haben, schwirren hier nicht noch mehr rum«, seufzte Andy. »Diese lästigen Biester schnüffeln in meinen Forschungsdaten herum, und das muss wirklich nicht sein.«

»Wonach forschst du eigentlich?«

»Nach der Weltformel – der großen Vereinheitlichung aller Theorien des Universums«, erklärte Andy. »Damit bin ich in guter Gesellschaft, Einstein und Heisenberg haben auch schon danach gesucht. Leider vergeblich. Hoffentlich habe ich mehr Glück. Aber das erkläre ich euch lieber später. Der Suchroboter war nämlich erst der Anfang. Lasst uns von hier verschwinden, Scouts, bevor die übleren Gestalten auftauchen.«

Doch es war schon zu spät. Mit einem gewaltigen »Zonk« traf etwas die *Magellanus* so heftig, dass das ganze Schiff erzitterte.

In den Fängen der Markies

Alles ist relativ

»Pi, was ist das?«, schrie Andy.

»Eine Magnettrosse hat uns backbord getroffen! Die haben uns am Haken!«

Das fremde Raumschiff musste sich lautlos angepirscht haben, durch irgendeinen Trick abgeschirmt gegen das Radar. Nun konnten sie es auch auf den Monitoren sehen: ein fast brandneuer schnittiger Kreuzer mit einem Logo aus gekreuzten Blitzen. Schön ist es, dachte Jan erstaunt. Ein Piratenschiff hatte er sich irgendwie anders vorgestellt. Eher so wie die *Magellanus*, wenn er ehrlich war.

Das fremde Schiff zwang sie in eine Umlaufbahn um den Jupitermond Ganymed, einen reizlosen Gesteinsklumpen. Dann meldete es sich zum ersten Mal über Funk. »Öffnen Sie Ihre Luftschleuse!«, befahl eine herrische Stimme kurz.

»Bringen wir es hinter uns«, sagte Andy und seufzte. »Pi, mach ihnen auf.«

»He, wehren wir uns etwa nicht mal?«, Miri war empört. Sie sah sich nach etwas um, was man als Waffe verwenden konnte. Doch Andy legte ihr die Hand auf den Arm. »Verhalt dich lieber ruhig. Wenn man einen Aufstand macht, dauert es noch länger. Und es wird sowieso lange dauern, weil wir zu dritt sind. Grosch, durch diese verdammten Markies verpasse ich noch Dillitzers Show auf Alpuri!«

»Du weißt, wer die Typen sind?!« Jan blickte ihn erstaunt an.

Andy kam nicht mehr dazu, zu antworten. Die Cockpittür ging auf, und drei Männer und eine Frau schritten herein. Jan starrte sie an. Alle drei waren schlank, hoch gewachsen und hatten Gesichter wie direkt aus einem Modelwettbewerb. Sie trugen identische, eng anliegende Shirts in einem schimmernden Blau, coole Brillen mit Ray-Ban-Aufdruck und Waffen, die wie Elektroschocker aussahen.

»Das Mädchen zuerst«, sagte die Frau. »An jungen weiblichen Zielgruppen sind sie im Moment besonders interessiert.«

Junge weibliche Zielgruppen? Jan verstand die Welt nicht mehr. Was ging hier eigentlich ab?

Mit einem letzten Blick auf Andy und ihren Bruder ließ sich Miri hinauszerren, nicht ohne ein paar deftige Flüche in Maori. Besorgt blickte Jan ihr nach. »Werden sie ihr was tun?«

Andy schüttelte den Kopf. »Das ist nicht ihr Stil. Solange man sich nicht wehrt, kostet es einen nur Zeit ..., aber wenn sie eine neue Kampagne testen, kann es sein, dass sie einen wochenlang gefangen halten ...«

Die Fremden fesselten den Captain und Jan mit einem Magnetnetz, verfrachteten sie in den kahlen Experimentierraum und ließen sie alleine. »Mach's dir bequem«, sagte Andy düster, ließ sich auf den Boden nieder und lehnte sich gegen die Wand.

»Tja, dann wirst du deine Verabredung auf Alpuri wahrscheinlich verpassen«, sagte Jan. »Wann hast du sie denn? Und wie viel Uhr ist es jetzt?«

»Wo?«, fragte der Captain zurück.

»Was heißt wo? Das *Wann* wollte ich eigentlich wissen.«

»Kann ich dir aber erst sagen, wenn du mir sagst, von welchem Ort du die Zeit wissen willst.« Andy grinste. »Es gibt keine große kosmische Uhr, die irgendwo tickt und allen sagt, wie spät es ist. Jedes System hat seine eigene Zeit, ›Eigenzeit‹ genannt. Das ist ein bisschen so wie die verschiedenen Ortszeiten auf der Erde. In London ist es fünf Stunden später als in New York! Und wie spät ist es auf dem Mond? Oder auf Alpuri?«

»Ach so, hätte ich mir ja denken können ...«

»Moment, ganz so einfach ist es nicht«, warnte Andy. »Die Zeit kann im Weltraum auch unterschiedlich schnell vergehen. Auf unserem Schiff ist sie vorhin langsamer vergangen als auf Alpuri, der Raumstation, zu der wir wollen.«

»Meinst du das ernst?«, fragte Jan verblüfft.

»Yep. Wundert mich nicht, dass dich das schockt. Schließlich hat man ein paar hundert Jahre lang – nämlich seit Newton – gedacht, dass Zeit und Raum so was sind wie eine Theaterkulisse.« Andy verzog das Gesicht. »Die klassische Physik hat sich einfach nicht mit diesen Dingen beschäftigt. Newton glaubte, die Zeit tickt überall so gleichmäßig wie ein Metronom, und der Raum erstreckt sich endlos und sieht überall gleich aus. Aber genau so ist's eben nicht. Einstein hat's als Erster kapiert: Alles ist relativ! Auch die Zeit und der Raum.«

Newton – das war doch der, dem der Apfel auf den Kopf gefallen war! Und der dann Theorien über die Schwerkraft entwickelt hatte. Aber sehr viel mehr wusste Jan nicht über ihn. Peinlich, peinlich. Das war ganz klar ein Fall für die Datenbrille. Er murmelte: »Newton, klassische Physik ...«

Newtons Mechanik und Maxwells Elektrizitätslehre gelten als die Grundpfeiler der »Klassischen Physik«. Als Kind verblüffte Isaac Newton (1643–1727), ein verträumter, schwieriger Junge, die Bewohner seines Dorfes mit seinen Erfindungen (unter anderem mit einer mausgetriebenen Kornmühle). Mit 17 Jahren sollte der junge Mann, der einmal zu den berühmtesten Wissenschaftlern aller Zeiten zählen würde, den elterlichen Hof übernehmen. Aber er interessierte sich viel mehr für die Wissenschaft als für die Landwirtschaft, seine Notizblöcke waren voller kühner Ideen. Schließlich erkannte ein Lehrer sein Genie, und Newton konnte zum Studium nach Cambridge gehen. In den nächsten Jahren erregte der schlampig gekleidete Eigenbrötler mit seinen Forschungen über die Natur der Schwerkraft großes Aufsehen. Er schaffte es, die Gesetze zu enträtseln, nach denen sich Körper – zum Beispiel die Planeten in der Umlaufbahn – bewegen. Seine Theorien über Raum und Zeit konnte erst Einstein Hunderte von Jahren später verbessern. 1687 erschien Newtons wichtigstes Werk *Mathematische Grundlagen der Naturwissenschaften* (nach dem lateinischen Originaltitel kurz *Principia* genannt). Doch obwohl er später wichtige Ämter bekam, wurde er nie wirklich beliebt. Denn er war eine jähzornige und rachsüchtige Persönlichkeit, und bei der geringsten Kritik steigerte er sich in furchtbare Wutanfälle hinein.

James Clerk Maxwell (1831–1879) war ebenfalls einer der bedeutendsten Theoretiker seiner Zeit. Schon als Jugendlicher schrieb er seine ersten wissenschaftlichen Aufsätze. Seine größte Leistung war, zu erkennen, dass sich alle elektromagnetischen Wellen mit Lichtgeschwindigkeit fortpflanzen und dass Licht ebenfalls eine elektromagnetische Welle ist. Auf der Basis seiner Gleichungen konnte Einstein seine Relativitätstheorie entwickeln.

»Aber wenn die Zeit relativ ist – wie kann man dann überhaupt feststellen, wie spät es ist oder so was?«, fragte Jan hartnäckig. »Worauf kommt es dabei an?«

»Aufs Bezugssystem«, sagte Andy und blickte plötzlich verschmitzt drein. »Und, was meinst du: Wie schnell bewegen wir uns jetzt gerade?«

Jan ahnte, dass es eine Fangfrage war. Aber er kam nicht darauf, was Andy meinte. »Gar nicht! Wir sitzen hier«, sagte er zögernd.

»Stimmt aus deiner Perspektive. In deinem Bezugssystem, dem Raum hier, bewegst du dich nicht. Doch jemand, der uns von Jupiter aus beobachten würde, würde etwas ganz anderes behaupten: Nämlich dass wir mit einigen tausend Kilometern pro Stunde durch die Gegend revven, weil sich unser Schiff in einer Umlaufbahn um den Mond Ganymed befindet. Würde man von außerhalb des Sonnensystems zugucken, würde man außerdem noch sehen, dass Jupiter mit seinen Monden um die Sonne kreist.«

»Ach sooo ... darauf hätte ich auch kommen können. Hast du uns ja vorhin erklärt. Dass sich die Geschwindigkeiten addieren.«

»Ja. Aber jetzt will ich auf etwas anderes hinaus. In Einsteins Universum musst du, wenn du etwas behauptest, immer dazusagen, *von wo aus* du etwas beobachtest. Bezugssysteme spielen für Einsteins Theorie eine ganz wichtige Rolle. Moment, ich zeig's dir. Pi! Pi, kannst du uns hören?«

»Äh, ja, wieso?«, tönte es verlegen zurück.

»Wenn du uns schon nicht befreien kannst, dann bastel uns wenigstens ein Holo.« Andy wandte sich wieder zu Jan um. »Stell dir vor, du stehst daheim auf der Erde. Ein sehr schneller Werbezug der Markies fegt an euch vorbei: Wenn er genau auf eurer Höhe ist, werden rechts und links von euch superstarke Blitzlampen ausgelöst.«

Flink konstruierte Pi eine Grafik der Szene – sie schwebte einfach so im Raum. Dann ließ sie zwei Lichtblitze aufleuchten. Der rechte erreichte die Mitte des Zuges zuerst, danach die Zwillinge auf der ruhenden Erde.

»Du auf der Erde würdest behaupten, die Blitze seien genau gleichzeitig ausgelöst worden«, erklärte Andy. »Die Markies würden sagen, dass der rechte Blitz zuerst war. Sie haben ihn ja früher gesehen, weil sie ihm entgegengezischt sind.«

»Also ist auch Gleichzeitigkeit relativ«, sagte Jan. »Aber das bedeutet ja, dass man sich über nichts mehr einigen kann! Nicht einmal darüber, wann etwas passiert ist!«

»Tja – so ist das eben im Universum«, sagte Andy. »Eben deswegen muss man, wenn man über etwas redet, immer bedenken, wo man im Vergleich zum anderen gerade ist und wie schnell man ist.«

Jan war froh, dass das in der Schule kein Problem war. Wäre ja lästig, mit Brilli darüber diskutieren zu müssen, wann genau die Physikarbeit stattfinden würde.

»Aber eins verstehe ich noch nicht ganz«, sagte er. »Wie kommt's, dass die Zeit unterschiedlich schnell vergehen kann? Und wieso ist mir das auf der Erde noch nie aufgefallen?«

»Der Schlüssel dazu ist die Lichtgeschwindigkeit, und die ist unglaublich hoch«, sagte Andy. »Deshalb merkt man von den seltsamen Effekten, die Einstein vorhergesagt hat, im Alltag auf der Erde nichts. Selbst eure Flugzeuge sind

viel, viel zu schneckig. Die schaffen höchstens ein paar tausend Kilometer in der Stunde, Licht bringt's aber auf 300 000 Kilometer *in der Sekunde*. Deshalb würde man auf der Erde normalerweise nie darauf kommen, dass Newton Unrecht hatte. Aber im Universum, zwischen den Sternen und Galaxien, liegen die Dinge ganz anders. Denn dort sind die Entfernungen gewaltig, und die Geschwindigkeit des Lichts spielt eine wichtige Rolle ...«

In diesem Moment hörten sie einen leisen Aufprall auf der Hülle der *Magellanus*.

»Ist das schon wieder einer dieser Suchroboter?« Jan flüsterte, damit ihre Bewacher draußen vor der Tür nicht mithören konnten.

»Hm, könnte sein«, wisperte Andy hoffnungsvoll zurück. »Sie haben zwar bestimmt unseren Funk abgestellt, aber so ein Roboter bohrt sich ja direkt in unsere Datenbank – und da ist alles abgespeichert, was Pi während des Überfalls beobachtet hat.«

»Aber was kann ein kleiner Suchroboter gegen fünf von diesen Kerlen ausrichten?«

»Nichts. Aber oft revvt auch das Mutterschiff der Zeugen Yahoos hier in der Gegend herum. Wenn der Kleine ihnen Bescheid gibt, haben wir eine Chance.«

In angespanntem Schweigen warteten sie. Es schien unendlich lange zu dauern, doch dann hörten sie aufgeregtes Stimmengewirr von draußen. In den Gängen der *Magellanus* ging irgendetwas vor. Dann platzten zwei breit grinsende Männer mit wasserstoffblond gefärbter Stachelfrisur herein. Sie trugen lange weiße Gewänder mit einem Logo, das Jan bekannt vorkam. »Gelobet sei das Große Verzeichnis«, sagte einer von ihnen. »Ihr habt Glück, Jungs, dass unser Crawler gleich Bescheid gesagt hat.«

»Thanks, Leute!« Erleichtert ließen sich Andy und Jan die Fesseln lösen. »Was für ein Glück, dass ihr die Markies auch nicht ausstehen könnt.«

Die eigenartigen Piraten hatten schon das Weite gesucht, stattdessen drängte sich im Cockpit ein halbes Dutzend weiß gekleideter Gestalten. »Nix da!«, sagte Andy und haute einer von ihnen, die sich gerade eine Speicherscheibe in die Tasche stecken wollte, auf die Finger.

Jan musste grinsen. Bei Daten hörte anscheinend die Freundschaft auf.

Nun tauchte auch Miri im Cockpit auf, und Jan schloss seine noch etwas verwirrt dreinblickende Zwillingsschwester in die Arme. »Alles in Ordnung? Was haben sie mit dir gemacht?«

Miri lachte schwach. »Scheiße, ich kann das alles echt nicht glauben. Erst haben sie mir so eine Art Wahrheitsserum gegeben. Dann musste ich einen Saft probieren, der gar nicht so schlecht geschmeckt hat, und dann tausend Sachen darüber beantworten – ob er zu süß ist, wie ich die Farbe finde, wie oft in der Woche ich Getränke kaufe. Und so ging das weiter. Allen möglichen Kram musste ich testen.«

»Ist doch klar. Das sind deffige Marktforscher«, mischte sich Andy ein. »Seit ein paar Jahrzehnten schon liefert sich denen keiner mehr freiwillig aus. Aber die Hersteller sind immer noch ganz wild auf die Daten und zahlen viele Creds dafür. Irgendwann haben die Markies dann angefangen, die Leute im Raum abzufangen.«

Jan musste furchtbar lachen. Marktforscher? Kein Wunder, dass ihm die »Piraten« eigenartig vorgekommen waren ...

»Jetzt brauche ich erst mal einen Drink«, kündigte Andy an. »Zeugen, ihr mögt doch Cocktails, oder? Wie wär's mit einem Red Giant, um auf die Rettung anzustoßen?«

Allerseits begeistertes Nicken.

Miri mischte sich ein: »Ich spendiere auch was.« Sie kramte in ihrem Rucksack, der unbeachtet in einer Ecke des Cockpits gelegen hatte, und brachte drei Dosen Bier zum Vorschein.

»Soso!«, sagte Jan. Da kamen ja ganz neue Facetten an Miri zum Vorschein!

»Was ist das?«, fragte Andy fasziniert.

»Eine ziemlich gute Kombination aus organischen Molekülen, Äthanol und Wasser«, sagte Miri. Macht ihr bestimmt Spaß, ihre Chemiekenntnisse raushängen zu lassen, dachte Jan und folgte Andy, Miri und den Zeugen Yahoos in die Bordküche.

Sie verbrachten eine vergnügliche Stunde mit Anekdoten aus dem Leben der Zeugen Yahoos. Andy drückte schließlich sogar ein Auge zu, als einer der weiß Gekleideten versuchte, mehr oder weniger heimlich den Rezeptspeicher des Küchencomputers zu kopieren. Anschließend drückte Andy sogar beide Augen zu. Und dann rutschte er unter den Tisch.

»Der ist hackedicht«, stellte Miri fest. »Meine Güte, mehr als ein Bier hat er doch gar nicht getrunken!«

Jan blickte auf den Captain hinunter. »Wahrscheinlich ist er andere Sachen gewöhnt.«

»Tja, Jungs, wir müssen euch jetzt leider verabschieden«, kündigte Miri den Zeugen Yahoos an. Ein paar Minuten später waren die weiß Gekleideten im Gänsemarsch unter freundlichem Winken zurück auf ihr Schiff marschiert.

Es kostete ganz schön Kraft, den schlaffen Andy in seine Kabine zu verfrachten. Sie kippten ihn einfach so, wie er war, in den Schlafkokon hinein. Als sie die Tür hinter ihm schlossen, schnarchte er schon selig.

»Ich glaube, das wird eine ziemlich komische Reise«, sagte Miri, als sie sich in ihren eigenen Kokon zwängte. »Aber gemütlich ist's in den Dingern! Ah, von Rezzok Sleeping Gear hergestellt, steht hier.«

»Gemütlich?« Jan war zu groß, seine Füße passten nicht ganz hinein. »Haben dir die Markies eine Gehirnwäsche verpasst?«

Irgendwie schaffte er es trotzdem einzuschlafen.

Ein Rekord

Die Spezielle Relativitätstheorie

Irgendwann wachten sie auf. Morgen war es nicht. Natürlich nicht. In einem Raumschiff gab es weder Tag noch Nacht. Misstrauisch musterte Jan das Gebilde aus weißem Glas, das in der Ecke ihrer Kabine stand. »Ich glaube, ich probiere mal das Bad aus ...«

»Bin schon gespannt«, meinte Miri. »Das Ding sieht eher aus wie etwas, was dich in ein anderes Universum beamt.« Sie kramte in ihrem Rucksack herum. »Verdammt, ich habe mein Schminkzeug daheim vergessen!«

»Dein Schminkzeug?« Seit wann schminkte sich denn Miri? Sie brezelte sich höchstens auf, wenn sie mit Heike oder ihren anderen Freunden ausging, aber was sollte das hier in einem Raumschiff? Kopfschüttelnd stieg Jan in die Dusche. Sie erwies sich als geizig. Eine kurze, angenehm temperierte Wasserflut von allen Seiten, Einseifen, dann eine zweite Portion Wasser. Ende. Auch das Klo war ein bisschen gewöhnungsbedürftig. Wenn man einen Knopf in der Wand drückte, klappte es in der Duschkabine aus dem Boden. Aber das alles war in Ordnung. Jans Magen knurrte so laut, dass er sich ohnehin mehr dafür interessierte, ob es hier an Bord so etwas wie Frühstück gab. Gierig inspizierten Jan und Miri die Bordküche. Doch nach einer halben Stunde sagte Miri: »Ich geb's auf. Andy muss uns zeigen, wie man das Ding bedient.«

Doch von Andy keine Spur. Hungrig setzten sie sich ins Cockpit. »Schaust du mal nach, ob Andy schon wach ist?«, fragte Miri und untersuchte ein bisschen hilflos die Displays. Immerhin blinkten nirgendwo rote Lichter.

Jan schob sich aus seinem Sitz und ging zur Kabine des Captains. Er lauschte, doch von drinnen war nichts zu hören. Vorsichtig klopfte er an. Als Antwort drang ein Stöhnen heraus. Grinsend drückte Jan auf den Öffnen-Knopf, und die Tür wich vor ihm zurück. Er konnte sich noch gut an Miris Geburtstagsparty letztes Jahr erinnern, auf der er vier Gläser Bacardi-Cola gekippt hatte. Ja, er wusste ziemlich genau, wie der Captain sich jetzt fühlen musste.

Andy Zero lag in seinem Kokon und öffnete seine verquollenen Augen einen

Spalt weit. Gequält presste er eine Hand an seine Stirn. »Beim hüpfenden Neutrino! Mein Kopf fühlt sich an ... wie ... wie ... ein schwerer Fall von Raumkrankheit ...«

Jan überlegte, ob er ihm anbieten sollte, eine Aspirin zu holen. Aber so was gab es im 23. Jahrhundert sicher nicht mehr. »Kennst du das nicht? Gibt's in deiner Zeit keinen Alkohol?«

»Schon – aber er ist chemisch modifiziert ... man ist nicht so schnell im Overdrive, und man fühlt sich auch nicht so mies danach ...«

Plötzlich schien dem Captain etwas einzufallen: Er riss die Augen auf, warf einen Blick auf ein Display an der Wand und schoss dann aus seinem Kokon hervor wie ein Kastenteufel. »Verdammt, es ist schon 10.12.00 GST! Warum habt ihr mich nicht geweckt?«

»Habe ich doch«, wandte Jan ein. »Was für eine Verabredung hast du eigentlich?«

»Dillitzer hat auf Alpuri etwas vor. Der Raumstation, von der ich euch schon erzählt habe. Ich weiß nicht genau, worum es geht, aber deshalb ist es umso wichtiger, dass ich dabei bin!«

»Wer ist denn dieser Dillitzer?«

»Ein Wissenschaftler. Leider ein ziemlich guter. Aber nicht besonders sympathisch – finde ich jedenfalls. Ihr werdet ihn auch nicht mögen. Habe ich euch schon erzählt, was er mit der Erde vorhat?«

»Nein, was denn?«, fragte Jan alarmiert.

»Er hält sie für einen lästigen kleinen Planeten, der ständig neue Krankheiten exportiert. Dem Hohen Rat hat er neulich vorgeschlagen, alle restlichen Rohstoffe aus der Erdkruste herauszuholen und das, was übrig bleibt, zu einem Truppenübungsplatz zu machen. High deff!«

»Ich glaube, mir wird schlecht.«

»Nicht hier drin. Mein Putzroboter ist kaputt.« Schwankend stand Andy auf und wankte hinüber zur Bad-Ecke. »Ich komme gleich ins Cockpit. Wir müssen sofort losfliegen.«

Doch »sofort« war natürlich auch relativ. Zeit, ein paar gefriergetrocknete Brötchen essfertig zu bekommen und zu schmieren, war trotzdem noch. Dann warf sich der Captain in seinen gewohnten Sitz und holte die Fernbedienung des Photonentunnels aus der Tasche, die sie schon einmal gesehen hatten – als Andy sie versehentlich hochgebeamt hatte. Es war ein unscheinbares schwarzes Kästchen mit einem Display, einer winzigen Tastatur sowie einem roten und einem blauen Knopf. »Grosch. Wir müssen doch den Tunnel nehmen. Sonst kommen wir nie rechtzeitig an. Alpuri ist immerhin 4,2 Lichtjahre von hier entfernt. Wir haben zwar nicht mehr viel Energie, aber es muss reichen.«

»Aber was ist, wenn der Tunnel diesmal wieder …«

»Wenn's nicht klappt, können wir auch nichts dafür! So, jetzt vergrößere ich den Tunnel, damit das ganze Schiff durchpasst.« Andy drückte auf den roten Knopf. Vor den Frontscheiben des Cockpits begann es schaurig blauviolett zu glühen. Jan fühlte, wie ihn ein unsichtbarer Wirbel erfasste – wie damals im Park. Er klammerte sich an seinen Sessel und schloss die Augen, bis das Gefühl ganz plötzlich aufhörte.

»Wir sind da«, sagte Andy erleichtert. »Wenigstens hat's diesmal geklappt. Wir sind in der Region von Alpha Centauri.«

»Ist das Alpuri – da vorne?« Miri deutete auf einen Lichtpunkt, der rasch größer wurde, bis man erkennen konnte, dass er die Form mehrerer buntscheckiger Räder hatte, die durch Speichen miteinander verbunden waren. Die Raumstation! »Wieso sieht sie so seltsam aus?«

»Dadurch, dass sich die Räder drehen und Fliehkraft entsteht, kann man drinnen eine Art künstliche Schwerkraft herstellen«, erklärte Andy. »Man braucht also in der Station nicht dauernd durch die Gegend zu schweben. Im Wohnbereich der *Magellanus* habe ich übrigens ein ähnliches System.«

»Fliehkraft?« Miri runzelte die Stirn. »So, wie man bei einem Karussell an den Rand gedrückt wird, wenn es fährt?«

»Genau. Slick, wofür man das verwenden kann, was?«

Noch immer starrte Jan auf die drei Räder, die da majestätisch vor ihnen im Weltraum rotierten. Es sah fast so aus wie in dem Film *2001 – Odyssee im Weltraum*. Schade, dass er seinen Zeichenblock nicht mitgenommen hatte. Das war endlich mal ein spannendes Motiv. »Sag mal, wie groß ist dieses Ding eigentlich?«

»Über 2 Kilometer. Und das Beste ist, es kann trotzdem manövrieren wie ein Raumschiff. Es hat enorm starke Triebwerke, damit man es auf eine andere Umlaufbahn bringen kann, wenn nötig.«

Nach einem kurzen Palaver mit der Leitstelle der Station manövrierte Andy Zero die *Magellanus* geschickt an Alpuri heran. Jetzt sahen Jan und Miri keinen sternbesetzten Himmel mehr, sondern nur noch die Hülle der Station. Ihnen war klar, warum sie so bunt wirkte. Wo nicht gerade Guckfenster und Solarzellen waren, prangten bunte Logos und Werbebotschaften. *Revven Sie mit uns – mehrdimensional!*, entzifferte Jan. *Kaufen Sie Frowal, wenn Ihnen Ihr Triebwerk lieb ist.* Gerade drifteten sie über ein großes, rotes *Best buy Globaq.*

»Ja, lass uns Globaq kaufen«, schlug Miri mit unschuldigem Blick vor. »Wir haben uns schließlich noch keine Souvenirs besorgt. Schon überlegt, was du Kevin mitbringst?«

»Vielleicht ein bisschen Schleim von irgendeinem Außerirdischen«, sagte Jan. Er war gespannt, ob es solche Monster wie in den *Alien*-Filmen auch hier gab.

Andy hatte sich von dem Gefrotzel nicht ablenken lassen. »Wir parken das Schiff einfach draußen, nicht in einer der Landebuchten. Sonst könnte jemand merken, dass ich zwei etwas ungewöhnliche Passagiere an Bord habe. Und das wäre Gigashit.« Er ließ sich im Display eine Uhr einblenden und verzog das Gesicht. »Ich schleuse mich rüber und versuche herauszufinden, was Dillitzer vorhat. Es müsste bald so weit sein, wir haben schon 10.30.00 GST. Ihr wollt wahrscheinlich mitkommen, was?«

»Na klar!«, sagte Miri, und Jan nickte. Er war schon neugierig, mehr über Andys mysteriösen Konkurrenten zu erfahren.

»Aber nicht so, wie ihr seid.« Andy Zero musterte sie mit kritischem Blick. »Die Kleidung. Die Haare. Einfach alles. Man sieht sofort, dass ihr nicht von hier seid.«

»Du könntest für uns Sachen bestellen und mir bis dahin welche von deinen leihen«, schlug Jan wagemutig vor. »Und wenn ich mich unauffällig verhalte und mit niemand spreche ...«

»He, Moment mal, wieso Jan?«, protestierte Miri. »Ich hätte auch Lust auf Sightseeing.«

»Sorry, mein zweiter Overall ist eher Jans Größe. Und der Sculptor braucht zu lange. Du kommst eben das nächste Mal mit.« Andy beäugte Jans Kopf. »Wenn du den Kopf schnell in die Frisiermaschine stecken würdest, könntest du auch ganz ordentlich aussehen. Wenn das Ding noch funktioniert. Aber die ganze Sache wäre trotzdem ziemlich gefährlich. Was soll ich sagen, wenn sie mich fragen, wer du bist?«

»Zum Beispiel, dass ich ein entfernter Verwandter von dir bin und du mir gerade beibringst, wie man ein Raumschiff fliegt ...«

»Righto. Aber auf dein Risiko. Und wenn irgendjemand auch nur einen atomgroßen Verdacht schöpft, verlassen wir die Station auf der Stelle!«

Miri blickte nicht sehr begeistert drein. »Und was ist mit mir? Soll ich allein hier bleiben?«

»Das ist kein Problem – Pi kümmert sich um alles«, versicherte Andy. »Und einen Overall für dich bestelle ich gleich.«

Miris Miene hellte sich wieder auf. »Ka pai. Na, dann viel Spaß!«

»Ka pai« heißt »okay«, das wusste Jan inzwischen. Er wunderte sich, dass Miri so schnell aufgab. Das war gar nicht ihre Art. Jan konzentrierte sich darauf, den Overall anzuziehen. Kaum hatte er ihn übergestreift, passte sich das Ding automatisch seinen Körperformen an. Der silbergraue Stoff fühlte sich ganz weich auf der Haut an, man spürte ihn kaum. Kein Wunder, dass Andy den dauernd trägt, dachte Jan und betrachtete sich stolz im Spiegel. Keine Frage, mit dem Overall und der neuen Frisur – ein bisschen kürzer im Nacken, dafür durfte es oben weiterwuchern – sah er aus wie ein Astronaut.

Durch eine mit Luft gefüllte Gangway, die sich an der *Magellanus* angedockt hatte, gelangten sie auf die Station. Neugierig schaute sich Jan um. Auf den ersten Blick sah es hier unspektakulär aus: Sie standen in einem grauen Korridor, der ungefähr so breit war wie eine Unterführung auf der Erde. Die Luft roch ein bisschen stickig, nach zu vielen Menschen.

»Wir müssen erst mal zum Zentrum, der Galaxy Plaza«, erklärte Andy.

Sie passierten fast leere Gänge, Gänge mit Kabinen rechts und links, kleine offene Plätze, auf denen Pflanzen in Glastöpfen wucherten. Ab und zu huschte ein kleiner Wartungsroboter an ihnen vorbei oder machte sich an den Wänden zu schaffen. Hier und da hatten sich in Sitzecken Leute in Overalls oder mit farbenfrohen Kleidern niedergelassen und plauderten. Um sie herum tanzten interaktive Werbeholos. Niemand beachtete den Captain und Jan. Deshalb erschrak Jan furchtbar, als jemand ihn am Ellenbogen packte. Er fuhr herum – und blickte in das Gesicht eines blaugrauen Außerirdischen, der ihm gerade bis zur Hüfte reichte. Fühler wedelten ihm entgegen. Zwei Saugnäpfe begannen neugierig seinen Arm zu betasten. Jan schrak zurück. »He!«

»Das ist ein Eri, er ist harmlos«, sagte Andy und half Jan, die Saugnäpfe von seinem Anzug loszumachen.

»Aber eklig fühlt er sich trotzdem an«, sagte Jan. »Lass die Tentakel von mir, Kleiner!«

Das seltsame Wesen rückte schon wieder näher, hatte sich diesmal sein Bein vorgenommen.

»Gehen wir lieber weiter.« Andy grinste. »Ich sehe schon, er liebt dich.«

»Wo kommen die eigentlich her?«

»Epsilon Eridani – deswegen heißen sie Eris«, sagte Andy. »Es gibt ein paar Dutzend von ihnen auf Alpuri, weil sie Kohlendioxid ein- und Sauerstoff ausatmen. Sie verbessern also die Luft. Aber man musste ihnen verbieten, sich hier zu vermehren, weil sie immer mehrere Hundert Eier auf einmal legen. Und niemand will so viele von ihnen auf der Raumstation haben. Wundert dich nicht, oder?«

Sie machten sich wieder auf den Weg. Jan ging alles viel zu schnell, er hätte sich gerne in Ruhe umgeschaut. Doch Andy eilte im Laufschritt voran, und Jan musste beinahe rennen, um mithalten zu können. Nur an einem Terminal, das in der Luft schwebte, hielt der Captain kurz an. »Okay, mal schauen, was im *galaxy.wide.web* berichtet wird. Auf dem Schiff war der Empfang zu schlecht.«

Auf dem Bildschirm erschien das Gesicht eines Moderators. Aber er saß nicht manierlich an einem Tischchen und las Meldungen vor, sondern kapriolte in der Schwerelosigkeit herum, drehte Schrauben, flog Saltos und grinste dabei immer wieder in die Kamera. »... wird sich heute zeigen, was an dem geheimnisvollen X-Generator dran ist! Meine Wette ist, dass Professor Dillitzer wieder einmal für eine Überraschung gut ist. Aber wird er es wirklich schaffen, die Lichtgeschwindigkeit zu überwinden? Wir alle sind sehr gespannt ...«

Erstaunt blickte Jan auf den Captain, der sich vor Lachen krümmte. »Was ist?«

»Die Lichtgeschwindigkeit? Er will die Lichtgeschwindigkeit überwinden?«

Jan erinnerte sich an das, was Andy gesagt hatte: Laut Einstein fliegt das Licht immer gleich schnell, seine Geschwindigkeit ist eine absolute Konstante. Und nichts kann es überholen. Vorsichtig sagte er: »In meiner Zeit gibt es Flugzeuge, die die Schallmauer durchbrechen können, also schneller als der Schall fliegen. Warum soll es dann nicht möglich sein, auch so etwas wie eine Lichtmauer zu durchbrechen?«

»Genau das wird Dillitzer gedacht haben«, sagte Andy Zero. »Moment, sie erzählen gerade mehr über seinen Versuch!«

»... ist sein schnelles Schiff *Shark* mit einem Roboter an Bord unterwegs«, dröhnte es aus einem anderen Monitor. »Heimlich und unbemerkt hat unser aller Lieblingsprofessor das Schiff schon vor einiger Zeit losrevven lassen – jetzt nähert es sich unaufhaltsam der Lichtgeschwindigkeit! Professor, die Augen der ganzen Welt blicken auf Sie. Was ist das für ein Gefühl?«

»Es ist wirklich erhebend«, sagte der gepflegte blonde Mann, der, bescheiden lächelnd, neben dem Moderator in der Luft schwebte. Jan fand, dass er eher wie ein Politiker aussah als wie ein Wissenschaftler. Und er redete genau denselben Schwachsinn. »Bisher hat alles nach Plan funktioniert. Vielleicht werden wir heute noch Geschichte schreiben!«

»Ha, das wollen wir doch mal sehen«, knurrte Andy. »Ich setze eher darauf, dass Einstein gewinnt.«

»Aber wer weiß, was das für ein Generator ist, den er im Schiff hat«, gab Jan zu bedenken.

»So, wir sind da«, sagte Andy. »Das ist die Galaxy Plaza ...«

Sie waren auf einem weiten Platz angekommen, um sie herum ein paar Hundert Menschen. Mit großen Augen blickte sich Jan um. Das Dach über ihnen war wie eine riesige Muschel geformt. In der Mitte des Platzes stieß ein Brunnen eine tiefblaue Flüssigkeit senkrecht in die Luft. Doch sie plätscherte nicht etwa nach unten, sondern löste sich einfach in nichts auf. Am Rand des Platzes waren noch mehr Brunnen – aber ohne Wasser. Sie wirbelten kleine Kugeln hoch in die Luft.

Die Menschen, die auf dem Platz herumstanden, blickten alle nach oben – zu dem riesigen Bildschirm, auf dem ein stromlinienförmiges Schiff zu sehen war. Vor dem schwarzen Hintergrund des Alls glänzte es wie eine silberne Nadel.

»Um Bilder des Schiffs zu bekommen und mit ihm in Funkkontakt zu bleiben, benutzen sie eine einfache Variante meines Photonentunnels«, flüsterte Andy Jan zu.

Am unteren Rand des Bildschirms waren – neben einem halben Dutzend Werbesprüchen – Instrumente aus dem Inneren des Schiffs eingeblendet. Jan erkannte eine Digitaluhr, einen Geschwindigkeitsmesser, ein Gerät, das die Masse des Schiffs anzeigte, und noch ein paar andere, die Jan nichts sagten. Außerdem gab es im Inneren des Schiffs noch eine Positionslampe, die in regelmäßigen Abständen Lichtblitze aussandte. Auch im Studio stand eine Lampe, die ein Mal pro Sekunde aufleuchtete.

»Schau dir das an!«, amüsierte sich der Captain. »Siehst du, was für einen protzigen Geschwindigkeitsmesser er eingebaut hat? Er geht bis 10 c, also zehnfache Lichtgeschwindigkeit!«

»He, die Uhr auf dem Schiff geht ja viel zu langsam!«, rief Jan und verglich sie mit der Zeitanzeige auf Alpuri.

»No-go, die geht richtig«, sagte der Captain, ohne die Augen vom Bildschirm zu nehmen. »Erinnerst du dich noch daran, was ich dir auf dem Schiff erzählt habe, als diese Markies uns in den Fängen hatten?«

»Ach, stimmt. Zeit ist relativ und vergeht unterschiedlich schnell. Warum denn jetzt eigentlich?«

»Habe ich dir ja schon angedeutet: Es liegt daran, dass die Lichtgeschwindigkeit sich nie verändert und außerdem die absolute Obergrenze ist. Leicht zu erklären ist das nicht. Aber ich versuch's.« Andy überlegte. »Stell dir vor, dass sich die Blitzlampe auf der *Shark* genau in der Mitte des Schiffs befindet und ihr Licht am vorderen und hinteren Ende des Schiffs von einem Schirm aufgefangen wird. Der Roboter auf der *Shark* beobachtet, dass das Licht vorne und hinten gleichzeitig auftrifft.«

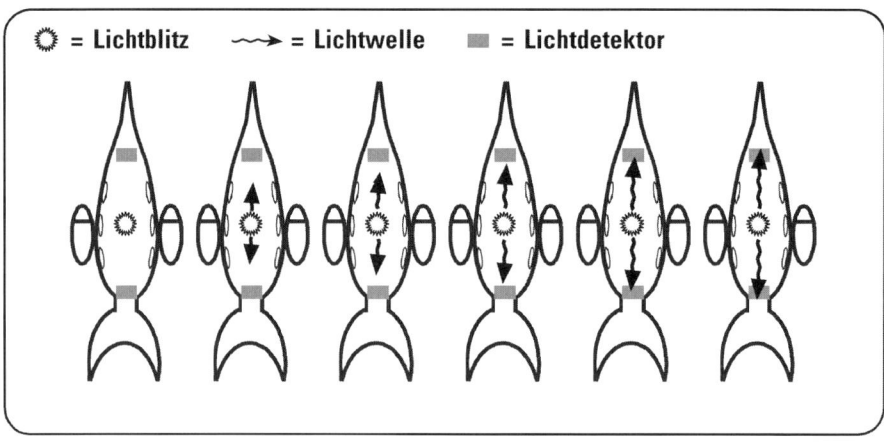

»Aber von uns, von Alpuri aus, sieht das anders aus, weil die Station sich nicht bewegt und Dillitzers Schiff von uns wegfliegt?«, vermutete Jan. Er erinnerte sich noch an das, was Andy ihm über die Gleichzeitigkeit erzählt hatte.

»Genau. Von uns aus gesehen braucht das Licht, das zum vorderen Schirm unterwegs ist, länger, weil das Raumschiff ja in die gleiche Richtung fliegt wie der vordere Blitz!« Andy schnippte mit den Fingern. »Also treffen die Blitze zu unterschiedlichen Zeiten auf. Der Zeitunterschied zwischen ihnen wird umso größer, je schneller die *Shark* fliegt. Genau das ist die Zeitdehnung.«

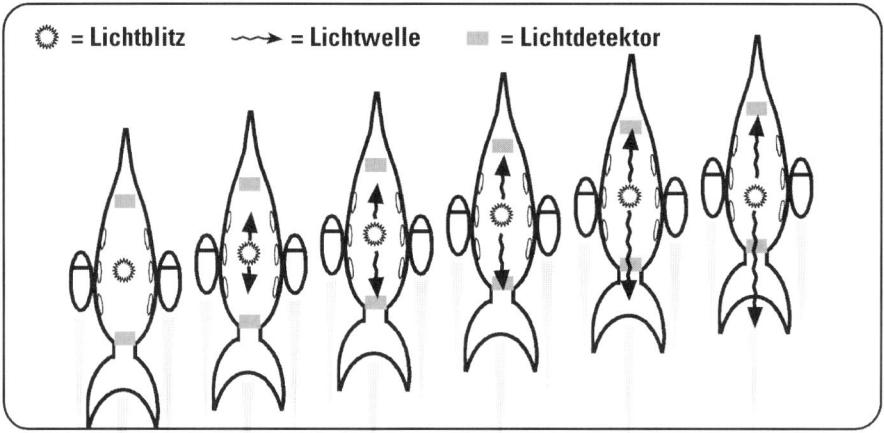

»Okay, jetzt ist mir klar, warum Zeit relativ ist – es kommt wieder mal drauf an, von wo aus du beobachtest.«

»Das ist noch nicht alles. Bei hohen Geschwindigkeiten verformen sich nicht nur die Zeit, sondern auch der Raum. Zeit und Raum hängen nämlich eng zusammen, sie bilden eine Einheit. Man nennt sie auch ›Raumzeit‹.«

»Wow«, sagte Jan. »Wie funktioniert das mit dem Verformen?«

»Dillitzers Schiff fliegt jetzt mit 87 Prozent der Lichtgeschwindigkeit. Nach Einstein heißt das, dass statt einer Sekunde nur noch eine halbe Sekunde vergeht.« Andy lachte darüber, wie Jan vor Konzentration die Stirn runzelte. »Geschwindigkeit ist nichts anderes als zurückgelegte Wegstrecke geteilt durch verstrichene Zeit. Wenn man aber davon ausgeht, dass die Lichtgeschwindigkeit eine feste Konstante ist, dann muss sich auch der Weg halbieren, wenn sich die verstrichene Zeit halbiert. Das heißt, von uns aus betrachtet sieht die *Shark* zusammengequetscht aus, der Roboter hat von uns den gleichen Eindruck.«

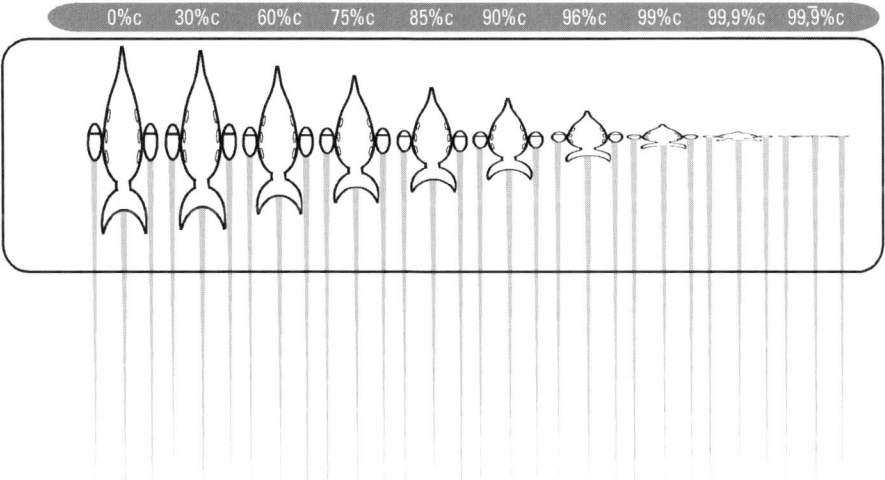

»Wow«, sagte Jan. Er konnte kaum glauben, was er da hörte. Gedehnte Zeit, verformter Raum – das klang ganz schön seltsam. »Und das ist nicht nur eine optische Täuschung?«

Andy schüttelte den Kopf. »Trau deinen Augen!«

»Hm. Stimmt.« Jan sah, wie die Uhr auf der *Shark* im Vergleich mit der Uhr auf Alpuri immer langsamer ging, je näher das Schiff der Lichtgeschwindigkeit kam. Sie mussten lange darauf warten, bis die Ziffern der roten Digitaluhr an Bord eine Sekunde mehr anzeigten. Und die Lichtpulse kamen immer seltener und dauerten immer länger.

»Kannst dir einfach merken: *Bewegte Uhren gehen langsamer*«, sagte Andy. »Das ist doch slick, oder? Als Astronaut bleibt man länger jung.«

»Du meinst, derjenige, der in einem Raumschiff fliegt, altert nicht so schnell wie wir auf der Erde oder wie die Leute auf Alpuri?«

»Yep! Ich habe auch ein paar Jahre eingespart auf die Art. Als ich vor sieben Jahren in die Flotte eingetreten bin, war ich 20 – und jetzt bin ich nach *Magellanus*-Bordzeit erst 24 ...«

»Ich hätte nicht gedacht, dass es tatsächlich *so* krass funktioniert«, gab Jan zu.

»Aber du brauchst eben hohe Geschwindigkeiten dafür ...«

Das Schiff verschwand von den Bildschirmen, dafür alberte der Moderator wieder herum. Auch das selbstzufriedene Gesicht Professor Dillitzers wurde wieder eingeblendet. »Wann können wir erwarten, dass sich Ihr X-Generator einschaltet? Sie wollen uns wirklich nicht verraten, wie er funktioniert, oder?«

»Dann würden es auch meine Konkurrenten erfahren«, sagte Dillitzer und grinste in die Kamera – und Andy Zero direkt ins Gesicht. »Aber achten Sie in den nächsten Minuten genau auf das Schiff! Ich werde meine Fans nicht warten lassen!«

Jan wird jünger

Zeitdehnung und Zwillingsparadoxon

Andy verzog das Gesicht. »Slicke Show, was? Aber der Relativität kann Dillitzer nicht entgehen. Siehst du, wie die Masse des Raumschiffs steigt?« Er deutete auf das zweite Anzeigeinstrument auf dem Bildschirm. »Das Schiff wird immer schwerer! Genau, wie es Einstein mit seiner Formel $E=mc^2$ vorhergesagt hat.«

»Bitte erklären«, seufzte Jan.

»E steht für Energie, m für Masse, und c für die Lichtgeschwindigkeit. Weil c konstant ist, hängt die Masse vom Raumschiff direkt von seiner Energie ab. Je schneller es fliegt, desto höher die Energie, und desto schwerer wird es.«

Jan nickte. »Das ist Dillitzers Problem, oder? Je höher die Masse, desto schwieriger wird es, es noch weiter zu beschleunigen, weil man immer mehr Energie dafür braucht!«

»Genau.«

»Der arme Roboter im Cockpit. Er fühlt sich bestimmt schon wie ein riesiger Bleiklotz!«

»Nein – im Inneren des Schiffs spürt man nichts von den Veränderungen. Im Gegensatz zu den 7 G Beschleunigung, die euch auf der *Magellanus* ganz schön zu schaffen gemacht haben. Denk dran: Alle Effekte der Relativitätstheorie entstehen nur im Vergleich zweier Systeme, die sich unterschiedlich schnell bewegen.« Andy beobachtete den Bildschirm aufmerksam. »Ich habe das bei Flügen schon oft erlebt. Egal wie schnell man ist, alles fühlt sich ganz normal an. Und bei der Landung ist sowieso alles wieder beim Alten. Masse und Zeitfluss sind wieder wie vorher.«

»Schon seltsam. Bei der ganzen Sache wird also nicht irgendwie das Uhrwerk beeinflusst oder verbogen?«

»No-go. Das Ganze ist eine Eigenschaft von Zeit und Raum.«

»Wow, jetzt ist Dillitzers Schiff schon bei 95 Prozent Lichtgeschwindigkeit!«, rief Jan. »Ganz schön schnelles Schiff!«

»Das schon. Aber siehst du, wie es sich verändert?«

Jan stellte verblüfft fest, dass die silberne Nadel geschrumpft schien. Sie war nur noch ein Drittel so lang wie vorher, wirkte richtig platt gedrückt. »Ach so, es verformt sich ja nicht nur die Zeit, sondern auch der Raum.«

»Righto. Der Roboter im Schiff sieht die *Welt* zusammengequetscht, wir sehen dagegen *ihn* und das Raumschiff zusammengepresst. Die Längen verkürzen sich, wenn man sich der Lichtgeschwindigkeit nähert, aber nur in Bewegungsrichtung«, sagte Andy und starrte gespannt auf den Schirm. »Na, wann schaltet er denn sein geheimnisvolles Gerät ein? Die *Shark* ist schon bei 99 Prozent, und bald ist kaum noch etwas von ihr zu sehen!«

Noch immer war sich Jan nicht sicher, wie das alles möglich war. »Zieht sich das Schiff irgendwie zusammen? Oder wie geht das alles?«

»Du musst dir das so vorstellen, dass die Abstände der Atome von uns aus gesehen schrumpfen. Und dass die *Shark* entsprechend mitschrumpft, ohne dass sich sonst etwas verändert ... he!«

Man hörte ein lautes »Klick« und sah einen blauen Blitz. Dann schwamm der verdutzte Moderator wieder ins Bild. »Tork! Irgendetwas ist an Bord des Schiffs passiert. Aber wir haben immer noch ein Bild. Sieht so aus, als wäre alles in Ordnung ... anscheinend hat sich nur der X-Generator eingeschaltet ...«

Wieder wurde das Instrumentenpanel eingeblendet. Die Uhr an Bord ging noch langsamer, die Masse nahm noch weiter zu. Aber die Geschwindigkeitsanzeige schaffte es einfach nicht, über die Marke c zu kriechen. Inzwischen hatte die *Shark* 99,999999 Prozent erreicht – und dabei blieb es auch.

»Pech gehabt, Dillitzer«, sagte Andy und grinste. »Es geht einfach nicht.«

»So langsam verstehe ich, warum«, sagte Jan nachdenklich. »Wenn ein Raumschiff diese Grenze erreichen könnte, wäre die Zeit unendlich gedehnt, seine Länge unendlich geschrumpft und die Masse unendlich hoch. Und das gibt es nicht.«

Der Moderator klang fröhlich. »Tja, Leute, sieht schlecht aus. Diesmal wird es wohl nicht klappen mit dem Rekordversuch. Herr Professor, möchten Sie noch einen abschließenden Kommentar abgeben ...?«

Dillitzer war rot im Gesicht. Aber sonst wirkte er genauso selbstsicher wie üblich. »Für einen Test war das schon sehr vielversprechend. Doch in nächster Zeit werde ich mich erst mal auf meine Arbeit an der Weltformel konzentrieren, denke ich. Auf diesem Gebiet erwarte ich schon in nächster Zeit aufsehenerregende Ergebnisse.«

»Sie sind der führende Experte für diese Formel, an der Physiker schon seit

200 Jahren erfolglos arbeiten – glauben Sie denn, dass man sie jemals finden kann?«

»Davon bin ich überzeugt. Aber ich werde tief ins Universum vordringen müssen, um Daten zu sammeln. Ich werde noch heute mit meinem zweiten Schiff, der *Stingray*, losfliegen.«

Beunruhigt starrte Andy Zero auf den Bildschirm. Seine gute Laune war verflogen.

»Was ist?«, fragte Jan. »Irgendwas nicht in Ordnung?«

»Der Miesling versucht, mir zuvorzukommen. Was er vorhat, ist genau das, was ich machen wollte.«

»Oh. Was sollen wir tun?«

»Das Gleiche wie er. Losfliegen und Daten sammeln – und hoffen, dass mir noch vor ihm ein Licht aufgeht. Sonst heißt's: ade, Erde!«

Sie wandten sich zum Gehen und hörten gerade noch, wie der Moderator fröhlich plapperte: »Wer den Professor verabschieden möchte, kann das gerne tun. Seine *Stingray* wird in einer halben Stunde von Rampe 5 abheben.«

Andy Zero fuhr herum. »Rampe 5? Beim hüpfenden Neutrino! Genau gegenüber liegt die *Magellanus*! Wenn Dillitzer Miri durch die Luken sieht ...«

Im Laufschritt eilten Andy und Jan zurück, überquerten die Galaxy Plaza und schlugen den Weg zu den Rampen ein.

»Was würde denn passieren, wenn jemand merkt, wer wir sind?«, fragte Jan atemlos.

»Da ihr aus der Vergangenheit kommt, würde das Wissenschaftsministerium euch wahrscheinlich unter Arrest stellen. Vielleicht auch Versuche mit euch machen. Das wäre sicher ganz schön minus. Mir würde eine schwere Verwarnung blühen.«

Eine Weile kamen sie gut voran. Doch als sie sich den Rampen näherten, wurde es immer voller. Neugierig drängten sich die Menschen dort, wo Dillitzer erwartet wurde. Und mit jeder Minute erschienen neue Gaffer.

»Wir kommen nicht durch«, stöhnte Andy. »Wir müssen uns etwas einfallen lassen.« Doch dann lächelte er verschmitzt. »Moment. Ich glaube, ich habe eine Idee ...«

Schnell zog er sich in eine Nische zurück, in der es nicht ganz so laut war, und zückte seinen Communicator. »Alpuri Control, hier ist Commander Kennard«, hörte Jan ihn sagen. »Wir haben gerade einen schnellen Meteoriten entdeckt, der auf Kollisionskurs mit der Station ist! Warum habt ihr noch kein Ausweichmanöver gestartet? Habt ihr ihn nicht auf dem Schirm?«

Die Antwort konnte Jan nicht verstehen, sie klang wie ein aufgeregtes Quaken. »Gut«, erwiderte Andy. »Ich schätze, es sind noch etwa fünf Minuten bis zur Kollision. Machen Sie schnell!«

Mit unschuldigem Gesichtsausdruck steckte Andy das Gerät wieder ein. »So. Jetzt würde ich vorschlagen, dass wir uns ein Plätzchen suchen, wo wir uns festhalten können ...«

»Wieso? Was passiert jetzt?«, fragte Jan. Er brauchte nicht lange herumzurätseln. Ein Warnsignal blökte los: Määp. Määäp. Määäp. Zeitgleich wurde ein weißhaariger Mann in Uniform auf allen Schirmen des *galaxy.wide.web* eingeblendet. »Ich bitte Sie um Ihre Aufmerksamkeit«, sagte der Mann. »Wir haben einen dringenden Meteoritenalarm. Bitte suchen Sie sich sofort einen Platz, und nehmen Sie Ihr Anti-G. In einer Minute verlegen wir die Station.«

Eine Reihe von gepolsterten Sesseln klappte aus dem Boden und den Wänden. Die Menge stürzte sich darauf. Dillitzer und sein Schiff waren vergessen. Dann fühlte Jan wieder einmal, wie sein Körper von der heftigen Beschleunigung in den Sitz gedrückt wurde. Er atmete flach, das ging leichter.

»Na, hoffentlich erwischen sie dich nicht«, sagte Jan leise, als das Anti-G-Mittel endlich wirkte. »Sonst bekommst du richtig Ärger.«

Doch Andy zuckte nur die Schultern. Jan beobachtete die anderen Leute auf Alpuri. Sie nahmen die Strapaze gleichmütig hin, manche unterhielten sich schon wieder miteinander. Wahrscheinlich waren sie solche Manöver gewohnt.

»Ganz schön starke Triebwerke! Wenn wir so weiter beschleunigen würden, hätten wir bald ein paar Bruchteile der Lichtgeschwindigkeit«, überlegte Jan laut.

»O ja, nahe *c* fängt das Leben erst richtig an«, kicherte eine Stimme neben ihm. »Wenn draußen die Jahrhunderte vorbeirasen. Du kommst zurück, und die Welt ist nicht mehr die, die du kanntest ...«

Jan drehte sich um. Im Sitz neben ihm saß eine kleine, verschrumpelt wirkende Frau, deren Haar von einer Spange in Form eines Schmetterlings zusammengehalten wurde. Ab und zu bewegten sich die Flügel wie die eines lebenden Insekts. »Was meinen Sie damit?«, fragte Jan.

»Ach, du bist auch einer von denen«, sagte die Frau und betrachtete ihn enttäuscht aus dunklen Augen. »Einer von denen, die nicht wissen, dass sich zwei Parallelen irgendwann schneiden und der kürzeste Weg zwischen zwei Punkten eine Kurve ist ...«

»Was? Moment mal ...«

Doch die Frau hatte sich schon losgeschnallt und war im Gewirr der Gänge verschwunden.

Jan wandte sich wieder Andy zu, um ihn zu fragen, was das alles zu bedeuten hatte. Doch der Captain unterhielt sich mit seinem Sitznachbarn, einem Techniker in dunkelbrauner Uniform. Wahrscheinlich hat die Frau einen Flug sehr nahe der Lichtgeschwindigkeit mitgemacht, überlegte Jan fasziniert. Dadurch ist für sie vielleicht nur ein Jahr vergangen ... und auf Alpuri ein Jahrhundert. Wenn es Alpuri damals schon gab. Vielleicht gehörte sie zu den Pionieren des Raumflugs. Ja, das musste es sein, entschied er. Aber was hatte sie damit gemeint, dass Parallelen sich schneiden? Wenn zwei Linien parallel sind, dann bleiben sie auch parallel – bis in die Unendlichkeit hinein! Und der kürzeste Weg zwischen zwei Punkten war immer noch eine gerade Linie! Oder ...?

Mehrere Stunden vergingen, bis Alpuri wieder seine normale Position erreicht hatte und sie sich losschnallen konnten. »Slick, das hat dem guten Dillitzer bestimmt ganz schön die Show verdorben«, sagte Andy zufrieden. »Jetzt dauert's wieder eine Weile, bis er seine Mühle startklar hat.«

Seufzend wuchtete sich Jan aus seinem Sessel hoch. Er hatte ein schlechtes Gewissen. »Wir haben Miri gar nicht Bescheid gesagt. Sie fragt sich bestimmt, was los ist.«

Und so war es. Sie mussten ein automatisches Shuttle zur *Magellanus* nehmen, weil Andys Schiff nicht mehr genau neben der Station parkte wie zuvor, sondern beim Manöver zurückgelassen worden war. Als sie die *Magellanus* betraten, sah Jan sofort die roten Flecken der Aufregung in Miris sonst so gelassenem Gesicht. »Na endlich seid ihr wieder da! Das Schiff hat völlig verrückt gespielt und ist von der Station weggeschossen! Zum Glück ist es dann anscheinend wieder zurückgekommen. Sorry, dass ihr auf mich warten musstet.«

Jan musste lachen. »Moment mal! Es war genau andersrum. Die *Station* ist weggeflogen und wieder an ihre alte Position zurückgekommen.« Er erklärte ihr, was Andy getan hatte.

Miri zeigte ihm den Vogel. »Ich weiß doch, was ich gesehen habe. Die *Magellanus* ist abgedüst, nicht ihr!«

»Auf jeden Fall seid ihr jetzt nicht mehr gleich alt – dafür hat die Zeitdehnung gesorgt«, amüsierte sich Andy. »Vergleicht mal eure Uhren. Das wird schnell zeigen, wer Recht hat.«

Jans Swatch war nicht genau genug, doch die Uhr des Captains zeigte nicht nur Sekunden an, sondern auch Sekundenbruchteile – wie eine Stoppuhr. Und der Zeitmesser im Cockpit der *Magellanus* war sogar noch exakter.

»Andys Uhr, die er auf Alpuri angehabt hat, geht im Vergleich zur Raumschiffuhr um ein paar Zehntelsekunden nach – das ist nicht viel, aber wir sind ja auch nicht sehr schnell geflogen«, stellte Jan nach einem schnellen Check fest. »Andy hat mir erzählt, dass nach Einsteins Theorie bewegte Uhren langsamer ticken. Na, glaubst du jetzt endlich, dass *wir* abgedüst sind?«

Zögernd nickte Miri. Andy tröstete sie: »Über das Problem haben sich schon ein paar andere Jungs die Köpfe zerbrochen. Laut Einstein sind alle Systeme, die sich mit konstanter Geschwindigkeit bewegen, gleichberechtigt. Logisch, oder? Aber wenn nicht klar ist, welches System in Ruhe und welches in Bewegung ist, dann ist auch unklar, bei wem die Zeit langsamer vergeht.« Andy schnippte mit den Fingern, und Pi zeigte auf einem der Bildschirme in einer Zeitraffer-Simulation, wie Alpuri davongeschossen war. »Der springende Punkt ist natürlich, wie es zu der Geschwindigkeit relativ zum anderen System gekommen ist. Waren beide ursprünglich in Ruhe, dann muss sich eines von beiden durch Beschleunigung entfernt haben. Und dann ist das natürlich das bewegte System, dort gehen die Uhren langsamer.«

Ob man diese Zeitdehnung auch auf der Erde beobachten konnte? Jan ließ seine Datenbrille anspringen.

Zeitdehnung bei hoher Geschwindigkeit. Die Erde rotiert mit 1700 Stundenkilometern in Richtung Osten. Also müsste eine Uhr an Bord eines normalen Verkehrsflugzeugs, das nach Osten fliegt und somit seine Geschwindigkeit mit der Erddrehung addiert, langsamer gehen als eine Uhr am Boden. Denn bewegte Uhren gehen langsamer! In den siebziger Jahren des 20. Jahrhunderts gab es endlich Uhren, die exakt genug waren, um diesen Effekt messen zu können. Also gingen zwei Wissenschaftler 1971 mit ihren supergenauen Atomuhren an Bord ganz normaler Transatlantikflüge – einmal in westlicher und einmal in östlicher Richtung. Und tatsächlich: Sie stellten fest, dass Einstein Recht hatte und die Uhren vor beziehungsweise nach gingen. Allerdings müsste man schon ein paar Millionen Mal um die Erde fliegen, um auf diese Weise eine Sekunde zu gewinnen …

Noch leichter kann man Einsteins Theorie in Teilchenbeschleunigern beweisen, da dort Elementarteilchen bis nahe an die Lichtgeschwindigkeit gebracht werden. Bei Experimenten hat man festgestellt, dass sehr instabile Teilchen, die normalerweise in Sekundenbruchteilen zerfallen, sehr viel länger »leben«, wenn man sie nahe an die Lichtgeschwindigkeit beschleunigt – außerdem werden sie dabei um ein Vielfaches schwerer.

»Jan ist sowieso jünger«, sagte Miri grinsend. »Ich bin als Erste aus unserer Mutter rausgekommen, du musstest dich hinten anstellen, e tama.«

Jan mochte es nicht besonders, wenn sie ihn in Maori »Kleiner« nannte. »Vielleicht bitte ich Andy, mich noch mal alleine irgendwohin mitzunehmen und richtig schnell zu fliegen«, konterte er. »Dann komme ich zurück und schaue mir an, wie du deine ersten grauen Haare auszupfst, während ich immer noch siebzehn bin! Das geht doch, Andy, oder?«

Andy nickte. »Ja. Übrigens nennt man das Phänomen *Zwillingsparadoxon*. Weil es eine so aberwitzige Vorstellung ist, dass Zwillinge ein unterschiedliches Alter haben könnten.«

Sie zuckten alle drei zusammen, als plötzlich eine wütende Stimme über den Funk kam. Auf dem Kommunikationsschirm erschien Dillitzers Gesicht. »He, Zero! Ich habe eine Botschaft für Sie!«

Andy stieß einen Fluch aus. »Cockpit-Kameras abschalten, Pi! Ich will nicht, dass er im Hintergrund die Zwillinge sieht!« Er drückte eine Taste, um den Ruf anzunehmen. »Was gibt's, Dillitzer? Aber machen Sie schnell. Ich wollte gerade losrevven.«

»Ach ja?«, knurrte das Gesicht auf dem Bildschirm. »Meine Botschaft ist: Ich kann mir schon denken, wer eben so getan hat, als sei er Commander Kennard. Und ich wüsste zu gerne, warum Sie dieses Tänzchen vorhin inszeniert haben. Sie verbergen etwas!«

»Wovon reden Sie?«, erwiderte der Captain seelenruhig. »Haben Sie ein paar Loxys geschluckt? Sie wissen doch, ab drei Kapseln wird das Hirn langsam matschig!«

»Ich bekomme es schon noch heraus!«, grollte Dillitzer. »Wieso bekomme ich schon wieder kein Bild von Ihnen? Haben Sie sich über Nacht in einen Ihrer geliebten arkturianischen Schleimblättler verwandelt?«

»Defekt in meinem Communicator. Darf ich fragen, wohin Sie jetzt mit der *Stingray* aufbrechen?«

»Sie dürfen. Aber erwarten Sie keine Antwort. Sie werden es nie schaffen, mich einzuholen, Zero.«

Man sah, wie Dillitzer einen Befehl murmelte. Sein Bild auf dem Monitor schnurrte zusammen und verschwand.

Die Energie der Sterne

E=mc² – Energie aus Materie

»Oje«, sagte Jan und seufzte. »Der ist richtig sauer.«

»Das macht nichts. Er wird nie beweisen können, dass ich's war«, beruhigte ihn Andy, doch Jan konnte sehen, dass er nervös war. »Und solange er nicht Wissenschaftsminister ist, wird er mir nicht schaden können. Eurer Erde auch nicht.«

»Glaubst du denn, dass du die Weltformel als Erster finden kannst?«, fragte Miri und wurde rot dabei.

»Ich weiß nicht«, sagte Andy grimmig. »Aber ich werde auf Risiko spielen müssen, Scouts. Tiefer ins Universum. Zu den richtig interessanten Sachen.«

»Soso, dann dringen wir in Galaxien vor, die noch nie ein Mensch zuvor gesehen hat«, zitierte Jan frech.

»Yep. Klar.« Die Ironie war völlig an Andy vorbeigegangen. »Ich weiß auch schon, wo ich hin will. Es gibt da einen Ort, der mich schon länger fasziniert. Man nennt ihn den Eisplaneten. Er ist vor ein paar Monaten von einer automatischen Sonde entdeckt worden.«

»Zweihundert Sorten leckeres Eis, alle kostenlos?«, fragte Jan hoffnungsvoll. Himbeereis aß er am liebsten.

»Zweihundert Sorten vielleicht, aber alle giftig«, grinste Andy. Doch dann wurde er wieder nachdenklich. »Die deffig schlechten Bilder, die ich von diesem Planeten gesehen habe, waren alle sehr, sehr seltsam. Er ist mehr als ein Eisklumpen aus Ammoniak, da bin ich sicher. Nagelt mich nicht drauf fest, aber ich vermute, dass dieser Eisplanet das Überbleibsel einer uralten Zivilisation ist!«

An Miris glänzenden Augen sah Jan, dass ihre Abenteuerlust geweckt war. Ihm ging es nicht anders. Er hatte sich in seinem Leben genügend *Star-Trek*-Folgen reingezogen. Jetzt lief in seinem Gehirn eine Dia-Show ab, in der abwechselnd eigenartige Eiswesen, Städte aus glitzerndem Eis und Monster mit haarigen weißen Pelzen eingeblendet wurden. Aber wahrscheinlich war es in Wirklichkeit ganz anders.

»Ja, aber wieso ist noch niemand hingeflogen?«, wollte Miri wissen.

Andy zuckte die Schultern. »So was kommt dauernd vor. Unsere Sonden entdecken ständig neue Objekte. Oft auch Planeten. Sie kommen auf eine Warteliste, und wenn die UGA gerade Geld hat, wird eine Expedition hingeschickt. Aber wenn ein Planet nicht bewohnbar ist, kann das dauern. Und auf dem Eisplaneten ist's verdammt kalt, wie der Name schon sagt.«

»Aber wie kommen wir hin?«, fragte Jan. »Mit dem Tunnel?«

»Wir müssen sogar. Das Ding ist ungefähr 130 Lichtjahre von uns entfernt. Wir wären lange unterwegs, wenn wir uns nur auf die Triebwerke verlassen würden.« Andy nagte an seiner Unterlippe. »Tork, das ist weit, das wird eine Menge Energie kosten.«

»... das heißt, du musst dich vor der nächsten Plasma-Rechnung fürchten?«

»Ich muss vor allem prüfen, ob wir genug Saft haben. Unter 90 Prozent brauchen wir es gar nicht erst zu versuchen.« Mit einem Stirnrunzeln kramte der Captain in der chaotischen Ablage neben einem der kleineren Displays herum. »Pi, wo habe ich eigentlich den Speicherchip mit dem Reaktorlogbuch hingelegt?«

Pi hüstelte. Es klang fast echt. »Den hat, soweit ich beobachtet habe, Gerda gefressen.«

»Das kleine Mistvieh!« Andy lächelte zärtlich. »Kann ich irgendwo verstehen. Ich habe völlig vergessen, sie zu füttern. Ist zum Glück auch nur alle drei Monate nötig. Äh, Jan, könntest du das vielleicht übernehmen, während ich mir eine neue Kopie des Logbuchs ziehe?«

»Was? Gerda füttern?« Jan war sich nicht sicher, ob er das wirklich wollte. Andererseits war er froh, wenn er dem Captain einen Gefallen tun konnte.

»Yep. In der Bordküche steht ganz links eine Box mit einem ›G‹ drauf, das ist für sie.«

Jan machte sich auf den Weg in die Küche, fand die Box und setzte sich im Cockpit dem Medusid gegenüber. In sicherer Entfernung. Er hatte die Elektroschocks noch in schlechter Erinnerung.

»Es gibt Fresschen, Gerda, leckeres Fresschen!«

Gerda brauchte keine Ermunterung. Ihre Tentakel ringelten sich ihm gierig entgegen. Jan öffnete die Box und erschrak, als sich ihm ein halbes Dutzend springlebendige Käfer entgegenkatapultierten. Als er sich von seinem Schreck erholt hatte, waren sie schon irgendwo untergetaucht. Seufzend machte sich Jan auf die Jagd. Hoffentlich fraß Gerda in der Zwischenzeit nicht noch mehr.

Schließlich schaffte es Jan, einen der Käfer in eine Ecke des Cockpits zu treiben und zu packen. Das Biest fühlte sich unangenehm an, anscheinend war es elektrisch geladen. Eilig kehrte Jan mit seiner Beute zu Gerda zurück. Erleichtert ließ er das zappelnde Opfer mitten in die Tentakel hineinfallen. »So, jetzt aber guten Appetit!«

Der Käfer flog Jan in hohem Bogen wieder entgegen.

»Du darfst sie nicht anfassen, sonst verlieren sie ihre Ladung!«, empfahl ihm Andy. »Gerda mag sie nur, wenn sie richtig prickeln!«

»Oh, danke für den Tipp«, sagte Jan mit zusammengebissenen Zähnen. Es dauerte zehn Minuten, bis er den zweiten Käfer mithilfe eines Taschentuchs gefangen hatte. Immerhin fraß Gerda diesen gnädigerweise. Sie ringelte einen Tentakel um ihn herum und knackte ihn wie eine Erdnuss.

»Hoffe, es hat geschmeckt – mehr gibt's nämlich nicht«, knurrte Jan. Die anderen Tierchen waren längst über alle Berge.

Inzwischen war Andy mit seinen Vorbereitungen fertig. Als sich Jan ausgepumpt in seinen Sitz fallen ließ, sagte er: »So, jetzt können wir mit dem Test loslegen. Pi, bitte fahr unsere Reaktorleistung bis zum Maximum hoch!«

»Aye!«, hauchte Pi. Auf einem der Displays erschien ein großer grüner Balken, der höher und höher wurde. 30 Prozent, 40 Prozent, 50 Prozent ...

Neugierig behielt Jan die Anzeige im Auge. »Was für einen Antrieb hat die *Magellanus* eigentlich? Wo bekommst du deine Energie her?«

»Fusionskraft«, erwiderte Andy abwesend und beobachte den grünen Balken, der gerade auf 60 Prozent Energie kletterte.

»Ist das so etwas Ähnliches wie ein Atomkraftwerk?« Jan war es mal wieder peinlich, seine Wissenslücken einzugestehen.

»Hm, wie man's nimmt. In beiden Kraftwerkstypen wird über die Formel $E=mc^2$ Energie gewonnen. Nur dass die entgegengesetzten Prozesse stattfinden. In Atomkraftwerken werden Atome gespalten, bei der Fusion werden Atome verschmolzen. Pi, blendest du bitte mal unseren Reaktor ein?«

Jan entschied, dass das mal wieder ein Fall für die Datenbrille war. So ganz begriffen hatte er das mit Einsteins Formel noch nicht.

Auf dem Bildschirm erschien eine unscheinbare silberne Kuppel. Jan war enttäuscht. Viel sah man ja nicht gerade. »Sind die Abschirmungen dick?«

»Klar. Aber es sind eigentlich nicht die Mauern, die im Inneren des Reaktors alles zusammenhalten, sondern es ist ein ungeheuer starkes Magnetfeld.« Andy ließ Pi eine schematische Zeichnung inklusive Kraftlinien einblenden. »Da drinnen befindet sich glühendes, waberndes Plasma – also gasförmige Materie –, und die Temperaturen erreichen 100 Millionen Grad. Das hält kein Material aus, deshalb muss man das Plasma durch das Magnetfeld quasi in der Schwebe halten.«

»Wahnsinn!«, sagte Jan. Er hoffte, dieses Plasma würde sicher im Inneren des Reaktors bleiben. Schließlich befand sich der Fusionsreaktor mitten im Schiff, nur ein Dutzend Meter entfernt.

»So was können die Wissenschaftler in unserer Zeit nicht, oder?«, fragte Miri. »Davon hätte ich bestimmt gehört.«

»No-go. Daran tüfteln sie noch herum. Und ich sage euch im Vertrauen, eure Leute werden noch ganz schön lange brauchen, bis sie das Problem geknackt haben.«

> $E=mc^2$ bedeutet, dass Energie (E) und Masse (m) eigentlich das Gleiche sind. Man kann es sich ein bisschen so vorstellen wie Wasser und Wasserdampf. Wenn Wasserdampf abkühlt, entstehen Wassertröpfchen (»Kondensation«). Das kannst du beobachten, wenn du eine Flasche aus dem Eisschrank holst – dann bilden sich darauf Tröpfchen, weil die Luft Wasserdampf enthält. Seit Einstein wissen wir, dass Masse quasi kondensierte Energie ist. Es sind unterschiedliche Erscheinungsformen derselben Sache.
>
> Man kann aus Masse Energie machen, aber es geht auch umgekehrt. So entstehen in Teilchenbeschleunigern aus dem Energieblitz, mit dem zwei extrem schnelle Teilchen einander beim Zusammenprall zerstören, neue Teilchen. Und es ist auf einmal mehr Masse vorhanden als vorher! Einfach deshalb, weil sich die Bewegungsenergie umgewandelt hat.

»Was genau passiert denn nun im Reaktor?«, wollte Jan wissen.

»Atomkerne wie zum Beispiel Wasserstoffkerne verschmelzen zu Heliumkernen. Bei dieser Kernfusion wird siebenmal mehr Energie frei als bei einer Atombombe.«

»Und was hat Einsteins Formel damit zu tun?«, fragte Miri.

»Sie hat den Menschen zum ersten Mal deutlich gezeigt, dass man aus Masse Energie machen kann – und nicht nur einfach in der Form, dass man ein Stück Holz oder ein paar Liter Öl verbrennt.« Noch immer ließ der Captain kein Auge von dem Balken, der nun langsam auf 70 Prozent kroch. »Es funktioniert so: Die vier Wasserstoffkerne, die bei der Fusion verschmelzen, haben eine höhere Masse als der entstehende Heliumkern. Bingo! Diese Differenz wird vollständig

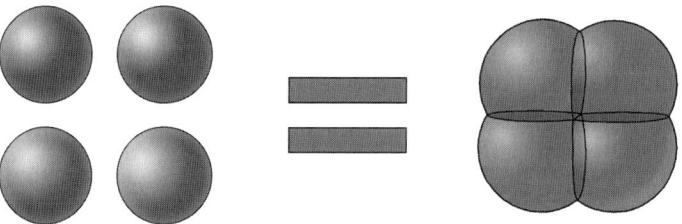

in Energie und Strahlung umgewandelt. Genau auf diese Art bekommen übrigens Sterne ihre Energie. Sie sind nichts anderes als riesige Fusionskraftwerke.«

»Soso. Und wie ist es denn nun bei den Atomreaktoren?«, fragte Miri.

»Ähnlich«, sagte Andy. »Dabei sind's aber schwere Atome wie Uran oder Plutonium, die in kleinere Bruchstücke zerfallen. Nennt man übrigens Kernspaltung. Um Energie daraus zu gewinnen, löst man die Spaltung absichtlich aus, stößt also eine kontrollierte Kettenreaktion an.«

»Aber woher kommt die Energie?«, fragte Jan.

»Die Gesamtmasse der Bruchstücke ist kleiner als die Masse des ursprünglichen Atoms. Durch diesen Unterschied hat man einen Energiegewinn. Schon komisch, was? Stell dir vor, du lässt einen Kuchen auf den Boden fallen, und das Gekrümel ist leichter als der Kuchen vorher war. Dafür heizt die Energie, die bei dem kleinen Unfall entstanden ist, das ganze Haus!« Andy musste über seinen eigenen Vergleich lachen. »Ein sehr kleiner Kuchen würde reichen. Man bräuchte nur ein Gramm Plutonium, um einen Drei-Personen-Haushalt ein Jahr mit Strom zu versorgen – normalerweise braucht man dafür 5 000 Liter Erdöl. Tja, schade, dass die ganze Sache so gefährlich ist. Im Gegensatz zu Kuchen.«

Jan dachte an die Fotos von Hiroshima nach dem Abwurf der Atombombe im Jahr 1945, die er einmal gesehen hatte. »Wusste Einstein eigentlich, welche Konsequenzen seine Formel haben könnte?«

»No-go. Einstein glaubte erst nicht daran, dass man diese Energie nutzen könnte. Später wurde ihm klar, dass er sich getäuscht hatte. Dass man sogar

Bomben bauen konnte, die auf seiner Formel basieren. Er warnte auch davor – und löste damit genau das Gegenteil von dem aus, was er wollte.«

Klang interessant. Jan befragte seine Datenbrille.

> **Einstein und die Bombe**. Wie die anderen europäischen Physiker, die aus Europa geflohen waren, hatte auch Einstein große Angst davor, Hitler könnte eine Atombombe entwickeln und sie dafür benutzen, Europa und die ganze Welt in die Knie zu zwingen. Deshalb folgte er dem Vorschlag des ungarischen Physikers Leo Szilard und wies 1939 in einem Brief an den amerikanischen Präsidenten Roosevelt auf die Gefahr durch die Kettenreaktion von Uran hin: »Das neue Phänomen würde auch zum Bau von Bomben führen, und es ist vorstellbar – obwohl sehr viel weniger gewiss –, dass extrem starke Bomben eines neuen Typs auf diesem Wege konstruiert werden könnten.«
>
> Roosevelt wurde aufmerksam und beschloss, die Bombe selbst entwickeln zu lassen, um Deutschland zuvorzukommen. Im Dezember 1941, ein paar Tage bevor Hitler Amerika den Krieg erklärte, begann das berühmt-berüchtigte »Manhattan Project«, die Entwicklung der Atombombe. Unzählige Wissenschaftler wurden dafür verpflichtet und verschwanden jahrelang mit unbekannter Adresse. Einstein bekam wenig von alldem mit, denn das militärische Projekt war natürlich streng geheim, und er selbst galt als Sicherheitsrisiko: schon in Deutschland hatte er sich immer für den Frieden engagiert.

»Und wenn man bedenkt, dass das alles zur Relativitätstheorie gehört!«, sagte Miri und fingerte nachdenklich an dem Stein herum, den sie um den Hals trug.

Inzwischen war der grüne Balken langsam auf 80 Prozent geklettert. Nun machte er nur noch langsame Fortschritte. »Pi! Bekommen wir nicht mehr Leistung?«, rief Andy ärgerlich.

In diesem Moment geschah es. Der grüne Balken schrumpfte, ganz plötzlich sackte die Leistung des Reaktors auf 40 Prozent ab. Nach ein paar Sekunden war alles wieder normal, doch Andy wirkte beunruhigt. »Was war denn das? Ist unser Reaktor defekt?«

»Tut mir leid, ich kann keinen Fehler feststellen«, raunte Pi. Sie klang verlegen. »Ich weiß auch nicht, was eben passiert ist.«

»Dieser deffige Haufen Schrott!«, schimpfte Andy, katapultierte sich aus seinem Sitz und eilte in Richtung Maschinenraum. »Oh, wie ich Prototypen hasse!«

»Was machst du jetzt?«, wagte Jan zu fragen.

»Wir haben zwar 90 Prozent Energie gekriegt, das würde reichen, aber ich will erst nachsehen, was das eben gewesen sein könnte. Ich fürchte, die Mühle muss in die Werft, bevor wir zum Eisplaneten losfliegen können.« Andy kniff die Lippen zusammen.

»Wenn wir ohnehin darauf warten müssen, dass die *Magellanus* repariert wird, könntest du mir vielleicht noch ein bisschen was erklären«, meinte Jan. »Ich versuche die ganze Zeit zu raffen, was die alte Frau auf Alpuri gemeint haben könnte. Sie sagte, dass Parallelen sich irgendwann treffen ...«

»Nachher. Muss mich erst mal um die Reparatur kümmern.« Andy hielt kurz in seiner Arbeit inne. »Fragt doch einfach Einstein selber. Am besten besucht ihr ihn in den zwanziger Jahren. Da hatte er seine Allgemeine Relativitätstheorie schon aufgestellt und kann euch einiges darüber erzählen.«

Mit offenen Mündern blickten Jan und Miri den Captain an. »Meinst du das ernst?«, fragte Miri. »Aber ... dann müssten wir doch durch die Zeit reisen! Und durch den Raum!«

»Ja, und? Habe ich doch auch gemacht, als ich euch versehentlich aus eurer Stadt gepflückt habe.« Andy blieb gelassen. »Der Tunnel ist nicht nur ein Transportmittel, sondern auch eine Zeitmaschine.«

»Cool«, sagte Jan. »Ich würde Einstein total gerne kennen lernen.«
Das war etwas, was Kevin niemals tun konnte, auch wenn er 90 Jahre alt werden und in Physik nur noch 15 Punkte schreiben würde.

Doch Miri runzelte die Stirn. »Was meinst du mit ›Er kann uns einiges über seine Theorie erzählen?‹ Du hast sie uns doch schon erklärt.«

Andy grinste. »Nur einen kleinen Teil davon. Anfang des Jahrhunderts hat er die Spezielle Relativitätstheorie aufgestellt. Aber die bezieht sich nur auf Systeme, die sich mit konstanter Geschwindigkeit bewegen. Erst später, hauptsächlich zwischen 1914 und 1916, hat er sie zur Allgemeinen Relativitätstheorie ausgebaut und sich überlegt, wie das alles mit beschleunigenden Systemen und der Schwerkraft zusammenpassen könnte.«

Miri nickte. »Klingt gut. Aber reicht denn die Energie, um mit dem Photonentunnel von hier aus zur Erde zu kommen?«

»Solange wir hier angedockt sind, kann ich Energie von der Station saugen. Wenn ich jetzt gleich beim Sculptor historische Outfits für euch bestelle, könnt ihr in einer Stunde unterwegs sein, Scouts.«

Wie eine Ameise auf einem Globus

Die Allgemeine Relativitätstheorie

Als die altmodische Kleidung – ein geblümtes Kleid und ein grauer Anzug mit weißem Hemd und richtigem Jackett, dazu zwei Mäntel – fertig war, lächelte Andy verschmitzt und meinte: »Wart mal, ich glaube, zuerst schicken wir dich eine Zeitung holen, Jan. Wenn wir schon bei den Zeitreisen sind.«

Jan und Miri sahen einander an. Hatte der Captain sie noch alle?

»Sagt bloß, ihr habt einen Kiosk um die Ecke«, sagte Miri. »Was darf's denn sein? *Frankfurter Allgemeine*, *Süddeutsche*, *BILD*?«

Andy schaute drein, als würde er kein Wort kapieren, und einen Moment lang wirkte er abwesend. Wahrscheinlich fragte er den Chip in seinem Gehirn. »Nein, nein«, sagte Andy schließlich. »Nicht hier auf Alpuri. Wir schicken dich in den Dezember 1919.«

Jan überlegte schnell. Das war, soweit er wusste, kein besonderes Datum. Der Erste Weltkrieg war jedenfalls längst vorbei. »Was war denn da los?«

Doch der Captain wollte nichts verraten, lächelte nur geheimnisvoll. Jan zuckte die Schultern und ging sich umziehen. Gut, dass ihn niemand aus der Schule in diesem seltsamen Outfit sehen konnte. Dann ab in den Experimentierraum.

»Viel Glück«, sagte Andy und drückte ihm die Fernsteuerung des Tunnels in die Hand.

Als das blaue Licht Jan umspülte, schloss er die Augen. Als er sie wieder öffnete und sich umblickte, war er in einer fremden Stadt und fror im kühlen Wind. Seine Haut prickelte vor Aufregung. Nach ein paar Metern gelangte er aus seiner Seitenstraße auf eine breite Promenade, die von kahlen Alleebäumen gesäumt war. Um ihn herum hasteten Passanten durch den Nieselregen. Ab und zu tuckerte ein schwarzes Automobil die Straße entlang. Ja, er war in der Vergangenheit! Aber in welcher Stadt war er? Eigentlich egal. Er machte sich auf die Suche nach einer Zeitung.

Jan musste nicht weit gehen. Schon an der nächsten Ecke stand ein abgerissen aussehender Zeitungsjunge, der wohl gerade mal zwölf Jahre alt war, und rief: »Sensation! Revolutionäre Theorie bestätigt!«

Aha, dachte Jan. Ihm dämmerte, warum Andy ihn hierher geschickt hatte. »Ich hätte gerne eine«, sagte er. »Das Wechselgeld kannst du behalten.« Er drückte dem Jungen ein paar Reichsmark in die Hand. Der Sculptor konnte ja so viel historisches Geld machen wie nötig, und der Junge sah aus, als könnte er es gebrauchen. Jan stellte fest, dass er gerade die *Berliner Illustrierte Zeitung* erworben hatte. Soso. Also war er in Berlin.

»Aber ... Danke!« Der Junge blickte ungläubig auf das Geld.

Jan klemmte sich die Zeitung unter den Arm, nickte dem Jungen zu und tauchte wieder in die kleine Seitenstraße ein, aus der er gekommen war. Schnell war er allein. Jan widerstand der Versuchung, sich noch ein wenig im historischen Berlin umzusehen – das Wetter war einfach zu eklig –, und drückte auf den Rückkehrknopf des Photonentunnels. Er fühlte das vertraute Schwindelgefühl ...

... und stellte fest, dass er zurück an Bord war. Betont cool klatschte er die Zeitung vor Miri und Andy hin. »So, da bin ich wieder!«

Gespannt beugten sich die Zwillinge über das raschelnde Papier; auch Andy blickte interessiert drein. Ein großes Foto von Einstein war auf dem Titelbild. Jan las, was darunter stand:

Eine neue Größe der Weltgeschichte: Albert Einstein, dessen Forschungen eine völlige Umwälzung in der Naturbetrachtung bedeuten und den Erkenntnissen eines Kopernikus, Kepler und Newton gleichzusetzen sind ...

Aus dem Artikel reimte er sich zusammen, dass eine Expedition der Royal Society London die Relativitätstheorie durch eine Expedition nach Brasilien und zum Golf von Guinea bestätigt hatte. Während der totalen Sonnenfinsternis, die nur in dieser Gegend zu sehen gewesen war, hatte sich gezeigt, dass Lichtstrahlen tatsächlich durchs Schwerefeld der Sonne abgelenkt werden – genau wie vorhergesagt.

»Was hat das denn mit der Relativitätstheorie zu tun?«, fragte Miri ratlos. »Was für Lichtstrahlen? Und warum werden sie abgelenkt?«

»Wisst ihr noch? Geschwindigkeit verformt Raum und Zeit. Nachdem Einstein das behauptet hat, hat er als Nächstes die Theorie aufgestellt, dass auch Schwerkraft den Raum verformt. Große Massen wie die Sonne verbiegen das Weltall förmlich.«

Miri ließ nicht locker. »Und was ist jetzt mit dem Licht?«

»Wenn das Licht an einem Stern vorbeifliegt, kann es dadurch quasi nicht mehr geradeaus fliegen«, erklärte Andy. »Und genau das hat man bei der Sonne nachweisen können. Auf den Fotos, die die Expedition gemacht hat, hat man bestimmte Sterne *neben* der verdunkelten Sonnenscheibe erkennen können – Sterne, von denen man wusste, dass sie eigentlich *hinter* der Sonne hätten stehen müssen! Das heißt, die riesige Masse der Sonne hat das Licht dieser Sterne um sich herumgekrümmt.«

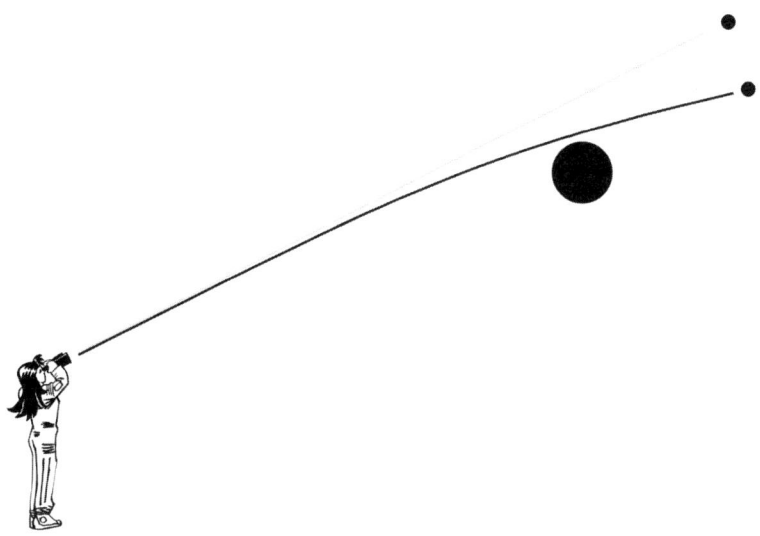

Jan war beeindruckt. »Die sind wirklich durch die ganze Welt gereist, um seine Theorie nachzuprüfen?«

»Genau. Danach war Einstein quasi über Nacht weltberühmt. Klar, was dann kam: Vortragsreisen durch die ganze Welt, Ehrungen, Stellenangebote von den wichtigsten Universitäten, Vorlesungen in Hörsälen, wo's nicht mal mehr Stehplätze gab. 1921 bekam er den Nobelpreis für Physik. Allerdings für eine andere seiner Arbeiten. Die Relativitätstheorie war vielen Wissenschaftlern lange Zeit nicht so recht geheuer.« Andy überlegte. »Hm, besucht ihn am besten auf dem Solvay-Kongress Oktober 1927 in Brüssel ... da lernt ihr vielleicht auch noch ein paar andere frizzy Leute kennen. Zum Beispiel ein paar junge Kerle, die damals vielleicht noch brillanter waren als Einstein – und für die Physik mindestens genauso wichtig ...«

Schon programmierte er den Tunnel auf neue Koordinaten und drückte Jan das Steuergerät in die Hand. »So, Scouts. Viel Spaß! Ich bringe die *Magellanus* inzwischen in die Werft.«

»Noch brillanter als Einstein?«, rätselte Miri, während sie in den Experimentierraum gingen. »Wen könnte er gemeint haben?«

»Ich habe keine Ahnung«, musste Jan zugeben. »Die Typen müssen ja irgendetwas Wichtiges erfunden haben ...«

»Wie auch immer – wir werden es bald wissen ...«

Ein paar Minuten später standen sie im Korridor eines Hotels, rechts und links Türen aus edlem Holz, unter ihren Füßen dicker dunkelroter Teppich. Ein Duft nach frisch geröstetem Kaffee hing in der Luft. In einem kleinen Vorraum entdeckte Jan eine Wanduhr. »O je, es ist halb acht. Morgens! Wahrscheinlich schläft der gute Albert noch ...«

»Jetzt müssen wir erst einmal herausbekommen, wo wir ihn hier finden«, beschloss Miri.

Sie hatten Glück – kurz darauf kam ein Zimmermädchen mit einem Stapel frischer Wäsche auf dem Arm vorbei. Erst wollte sie ihnen nicht helfen und blickte sie misstrauisch an, doch als Jan ihr einen Geldschein zusteckte, sagte sie »Zimmer 135!« und eilte davon.

Dann standen sie vor der Tür und trauten sich beide nicht zu klopfen. »Was ist, wenn er Langschläfer ist und sich total aufregt, weil wir ihn geweckt haben?«, meinte Jan unsicher. »Bestimmt hat er bis spät nachts mit den anderen Physikern diskutiert ...«

»Irgendwann muss er sowieso aufstehen, weil dann der Kongress weitergeht«, sagte Miri. Doch auch sie spielte unentschlossen mit den Fingern am Stein um ihren Hals herum.

»Okay, tun wir es einfach«, sagte Jan. »Oder sollen wir Andy vielleicht sagen, dass wir Einstein doch nicht besucht haben, weil wir zu feige waren?«

»Scheiße, nein.« Miri hob die Hand und klopfte an die Tür des Zimmers.

Erst tat sich drinnen nichts. Dann rumorte es, die Tür öffnete sich, und sie standen einer Gestalt mit zerzaustem grau meliertem Haarschopf und einem von weißem Rasierschaum bedeckten Gesicht gegenüber. »Ja?«, fragte sie. »Was gibt es?«

Jan verschlug es beim Gedanken, dem berühmten Forscher gegenüberzustehen, glatt die Sprache. Zum Glück schaffte es Miri, sich zusammenzureißen. »Herr Einstein? Entschuldigen Sie, dass wir Sie so früh stören ...«

»Immer diese Bewunderer«, murmelte Einstein, seufzte und wollte die Tür schon schließen.

Erst jetzt fiel Jan ein, dass sie sich keine überzeugende Geschichte überlegt hatten, die sie Einstein erzählen konnten. Sie mussten improvisieren. »Moment!«, rief Jan. »Wir fallen in Ungnade, wenn Sie nicht mit uns sprechen!«

Verdutzt blickte Einstein auf. »Wie bitte?«

»Bei unserem Chefredakteur ... wir, äh, sind Reporter einer Jugendzeitung namens ... äh, *Junges Blatt*, und ...«

Einsteins Miene wurde etwas freundlicher. »Euer erster Auftrag?«, fragte er.

Miri nickte. Ihre Augen blickten unschuldig. »Ja, und wir waren schon zwei Tage vorher aufgeregt ...«

Ganz schön dick aufgetragen, dachte Jan und musste sich ein Lächeln verkneifen.

»Na gut, kommt rein. Wie heißt ihr?«

Geschafft! Jans Herz schlug schnell. Jetzt bloß nicht blamieren, hämmerte es in seinem Kopf.

Schüchtern stellten sich Jan und Miri vor und betraten das Zimmer. Einstein begab sich wieder vor den Spiegel, um sich weiterzurasieren. »Was wollt ihr denn wissen?«, drang es dumpf aus dem Bad hervor.

»Ich habe mich gefragt, warum sich zwei Parallelen irgendwann schneiden und der kürzeste Weg zwischen zwei Punkten eine Kurve ist«, platzte Jan heraus.

Im Bad wurde es plötzlich still. O je, dachte Jan. Alles verpatzt.

Doch dann erschien Einstein im Türrahmen. Er sah zum ersten Mal wirklich interessiert aus. »Ihr beschäftigt euch mit nicht-euklidischer Geometrie?«

Instinktiv zuckten Jans Augen zum Auslöser der Datenbrille.

Euklidische Geometrie. 320 Jahre vor Christi Geburt entwickelte ein Mathematiker namens Euklid die Geometrie des flachen Raumes – die Geometrie, die Kinder heute in der Schule lernen. Dort hat alles seine (alte) Ordnung: Parallele Geraden bleiben für immer parallel, und auch die Summe der Winkel eines Dreiecks beträgt immer 180 Grad. Doch in einem Gravitationsfeld gilt diese Geometrie nicht mehr: Dort kann die Winkelsumme eines Dreiecks eine ganz andere, beliebige sein.

»Beschäftigen ist zu viel gesagt«, wehrte Jan schüchtern ab. »Ich bin eher neugierig darauf. Und auf Ihre Allgemeine Relativitätstheorie.«

Einstein wischte sich den letzten Rest Rasierschaum aus dem Gesicht. »Habt ihr den Begriff ›Raumzeit‹ schon einmal gehört?«

Miri nickte mit einem Anflug von Stolz. »Ja. Raum und Zeit gehören zusammen. Wissen wir schon.«

»Nun, dieser vierdimensionale Raum kennt keine geraden Linien. Denn jede Masse – das besagt meine Theorie – krümmt und verbiegt ihn«, erklärte Einstein und zog sich den Kamm durch die wilde Mähne. Ab und zu zuckte er zusammen, wenn er dabei stecken blieb. »Au! Schon wieder eins ausgerissen. Was ich sagen wollte: Meistens merken wir das natürlich nicht. Die Massen in unserer Umgebung sind viel zu klein, um sich auf diese Weise bemerkbar zu machen. Aber im Weltraum ...« Plötzlich glänzte der Schalk in Einsteins Augen auf. »Hier, nehmt mal das Handtuch. Du hältst es auf der einen Seite, Jan, Miri auf der anderen. Jeder zieht an seiner Seite!«

Da standen sie nun mitten im Zimmer, das straff gespannte Handtuch zwischen sich. Jan fragte sich, was das werden sollte, und war froh, dass niemand sie sehen konnte. Es war einfach zu albern.

»So, stellt euch vor, das hier ist ein Planet«, rief Albert Einstein und warf eine Porzellan-Seifenschale mitten auf das Handtuch. Es beulte sich nach unten aus, die schwere Schale lag in einer Delle. »Seht ihr? So sieht der Raum aus, wenn eine große Masse in der Nähe ist.«

»Würde man das merken, wenn man sich mit einem Raumschiff einem Planeten nähert?«, fragte Miri fasziniert und ließ das Handtuch vorsichtig auf den Boden sinken, damit die Seifenschale nicht kaputt ging. »Sieht man es, dass man so eine gewölbte Bahn entlangfliegt?«

»Nein«, sagte Einstein und band sich die Krawatte. »Genauso wenig, wie man etwas von der Erdkrümmung merkt, wenn man mit dem Zeppelin über die Erdoberfläche fliegt.« Er sah sehr fein aus im dunklen Anzug. Trotz Wuschelkopf. »Oder stellt euch vor, ihr seid ein winziges Insekt, das auf einem Globus entlangkriecht. Es denkt, es würde geradeaus laufen – und merkt nicht, dass es einen großen Bogen beschreibt.« Einstein warf einen prüfenden Blick in ihre Richtung. Wahrscheinlich will er checken, ob wir noch alles verstehen, dachte Jan.

»Da hast du auch die Antwort auf deine Frage, Jan«, fuhr Einstein fort. »Zwei nebeneinander liegende Längengrade sind am Äquator parallel. Aber da sie sich auf der Oberfläche einer Kugel befinden, nähern sie sich immer mehr an, und am Pol treffen sie einander. Das nennt man positive Raumkrümmung. Eine negative Raumkrümmung würde man zum Beispiel feststellen, wenn man sich auf

einem Sattel befände – dann würden parallele Lichtstrahlen auseinander laufen.«

Oder auf dem Kühlturm eines Kraftwerks – der ist auch so geformt, dachte Jan.

Jan nickte. »Das Insekt kommt wahrscheinlich gar nicht auf die Idee, dass es auch eine dritte Dimension geben könnte, weil es sich immer nur in zwei Dimensionen bewegt.« Seine Fantasie kam langsam in Gang. »So wie eine Bakterie eigentlich keine Ahnung davon hat, dass sie in einem Körper ist, der in einer Wohnung ist, der in einem Haus ist, der in einer Stadt und auf einem Planeten ist ...«

Miri stieß ihn in die Seite und zischte: »Labertasche! Lass *ihn* reden, verdammt noch mal!«

»Uns Menschen geht es genauso«, sagte Einstein, ohne auf ihr Gefrotzel zu achten. »Wir dreidimensionale Wesen können uns einen höherdimensionalen Raum nur schwer vorstellen.«

Jan war verwirrt. »Äh, wie viele Dimensionen gibt es denn jetzt?«

Einstein lächelte. »Stell dir drei Achsen vor, nennen wir sie mal x, y und z. Für die x-y, x-z und y-z Ebene gibt es jeweils eine Krümmung in die dazu »senk-

rechte« Richtung, sodass wir schließlich beim sechsdimensionalen Hyperraum angelangt sind.« Er fand einen Zettel und skizzierte schnell:

»O je«, sagte Jan. »Müssen wir denn diesen Krümmungen folgen, wenn wir zum Beispiel mit einem Raumschiff dort entlangfliegen?«

»Ja. Sogar das Licht muss diesen Krümmungslinien folgen, Lichtstrahlen werden also auch durch die Masse und ihre Schwerkraft verformt.«

»Ach so, richtig, das hatte diese Expedition 1919 bewiesen«, mischte sich Miri ein.

Stolz richtete sich Einstein auf. »Genau. Es hat sich auch gezeigt, dass man mit meinen Gleichungen die Bahnen der Planeten viel genauer berechnen kann als mit Newtons Formeln.«

»Cool«, sagte Jan. »Schwerkraft kann ja wirklich eine ganze Menge.«

Einstein hatte sich wieder in Begeisterung geredet. Seine Augen leuchteten. »Sie

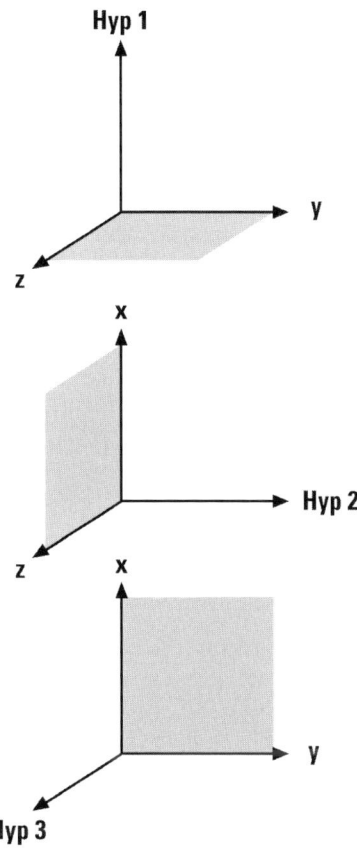

kann sogar die Zeit verändern. Zuerst dachte ich, dass nur hohe Geschwindigkeit die Zeit dehnt – aber bald danach ist mir klar geworden, dass auch die Gravitation diesen Effekt hat!«

»Langsam wundere ich mich über gar nichts mehr«, sagte Miri und seufzte.

»Meine Theorie besagt, dass große Massen die Zeit langsamer vergehen lassen. Das heißt, auf der Oberfläche eines großen Sterns ticken die Uhren langsamer als auf einem kleinen Mond.«

»Wenn man von sehr, sehr weit oben auf die Erde hinunterschauen könnte, würde einem dann das Leben unten in Zeitlupe erscheinen?«, fragte Miri fasziniert.

»Theoretisch schon. Aber der Effekt ist auf der Erde zu winzig, den kann man nicht so einfach beobachten.«

Jan dachte nach. »Eigentlich müsste ein Zwilling, der auf dem Mount Everest lebt, schneller altern als sein Bruder, der in Holland auf Meereshöhe lebt«, sagte er. »Kann man das irgendwie nachprüfen?« Er musste mit den Augen seine Datenbrille ausgelöst haben, denn ungefragt informierte ihn das Gerät:

Beweis für die Relativitätstheorie. In den siebziger Jahren des 20. Jahrhunderts überprüfte man Einsteins Behauptung, indem man zwei Atomuhren (die extrem genau sind) synchronisierte. Die eine blieb in Turin, einer italienischen Stadt knapp über Meereshöhe, die andere wurde auf einen 3500 Meter hohen Berg transportiert. Nach zehn Wochen wurden die beiden Uhren verglichen, und tatsächlich: Die Turiner Uhr war, genau wie von Einsteins Allgemeiner Relativitätstheorie vorhergesagt, 55 Millionstel Sekunden langsamer gelaufen als die Uhr auf dem Berg!

»Man bräuchte schon sehr präzise Uhren, um diesen Effekt auf der Erde messen zu können«, sagte Einstein. »Ich fürchte, so genaue Uhren müssen erst noch entwickelt werden.«

»Ja, aber – wie sind Sie auf all das gekommen?«, fragte Miri.

Einstein lächelte. »Ich habe einfach ein Gedankenexperiment durchgeführt. Stellt euch vor, ihr wacht in einem Aufzug auf, dessen Halteseile gerissen sind und der in die Tiefe stürzt ...«

»So was möchte ich mir gar nicht vorstellen ...«

»Na ja, in diesem Aufzug wärt ihr im freien Fall, also schwerelos. Und es gäbe keine Möglichkeit für euch festzustellen, ob ihr im Weltraum seid oder immer noch auf der Erde. Ihr fühlt die Schwerkraft nicht.«

»Jedenfalls, solange man noch nicht unten angekommen ist«, ächzte Jan.

»Im Weltraum ist es genau umgekehrt. Stellt euch vor, ihr befindet euch in einer fensterlosen Kabine in einem Raumschiff. Solange das Schiff mit genau 1 G beschleunigt, seid ihr genauso schwer wie auf der Erde, ihr könnt also nicht unterscheiden, ob ihr euch im Weltraum befindet oder auf der Oberfläche der Erde.«

Miri fingerte an ihrem Anhänger herum. »Tja – aber was haben Sie daraus geschlossen?«

»Ganz einfach.« Einstein lächelte. »Ich habe daraus gefolgert, dass es keinen Unterschied zwischen Beschleunigung und Schwerkraft gibt. Das bedeutet, ich habe eine völlig neue Theorie der Gravitation gefunden. Newton dachte, die Gravitation sei eine Kraft, die sofort und überall wirkt. Aber ich wusste, dass das nicht sein kann. Denn sonst müsste sie ja schneller als die Lichtgeschwindigkeit sein, versteht ihr? Meiner Theorie nach ist sie ein *Kraftfeld*, das sich mit Lichtgeschwindigkeit ausbreitet.«

»Ach so ...«, sagte Miri.

»So, jetzt muss ich mich leider verabschieden, ich muss zum Frühstück. Meine Kollegen sitzen sicher schon da und köpfen ihre weich gekochten Eier. Oder ... wollt ihr vielleicht mitkommen?«

Jan fühlte sich überrumpelt. Er schaffte es gerade noch, zu nicken. Jetzt würden sie also all die berühmten Physiker kennen lernen – und die jungen Genies, deren Namen sie noch nicht kannten. Wer sie wohl waren?

Teil II

Das Geheimnis der Quanten

Quantenphysik und die Atome

Frühstück mit Heisenberg

Eine gewagte neue Idee

Vergnügt zog Einstein seine Krawatte gerade. »Bisher macht dieser Kongress eine Menge Spaß. Es ist so eine Art Gipfelkonferenz der weltbesten Physiker und findet nun schon zum fünften Mal statt. Wisst ihr, worum es diesmal geht?«

Jan und Miri schüttelten den Kopf und folgten Einstein eingeschüchtert den Gang und eine Treppe hinunter. »Um die neue Quantentheorie – eine ziemlich verrückte Sache, die uns allen noch Rätsel aufgibt«, erzählte Einstein. »Aber Niels Bohr und der junge Werner Heisenberg sind sehr davon überzeugt. Heisenberg hat lange an dem Problem gearbeitet und dann im Urlaub auf der Insel Helgoland den Durchbruch erzielt, wie er meint ... eigentlich wollte er am Meer nur seinem Heuschnupfen entkommen ...«

Quantenphysik? Davon hatte Jan schon gehört, doch er hatte keinen blassen Schimmer, was das war. Wieder einmal half ihm die Datenbrille aus der Patsche.

In der **Quantenphysik** (auch Quantenmechanik genannt) geht es darum, die Welt der Atome und Elementarteilchen zu verstehen. Sie war einer der wichtigsten Durchbrüche der Physik im 20. Jahrhundert. Obwohl die Gesetze der Quantenphysik eigenartig klingen und mit der klassischen Physik kaum noch etwas gemein haben, haben sie sich als sehr erfolgreich dabei erwiesen, das Verhalten von Teilchen und Atomen vorherzusagen. Noch wichtiger: Ohne sie gäbe es einen großen Teil der modernen Technik nicht, auch keine Computer und CD-Player. Denn Laser und Mikrochips beruhen auf der Quantenmechanik.

Wundere dich nicht über die zwei unterschiedlichen Begriffe: »Quantenphysik« ist der allgemeinere Ausdruck, »Quantenmechanik« bezeichnet speziell die Theorien, die Bohr, Heisenberg, Schrödinger & Co. entwickelt haben.

Schließlich waren sie im Frühstückssaal angelangt. Eine Menge dunkel gekleidete Herren saßen schon um die Tische herum, nur eine einzige Frau war unter ihnen. »Das ist Marie Curie, die die Radioaktivität mitentdeckt hat«, flüsterte Miri aufgeregt. »Ich habe schon mal ein Foto von ihr gesehen!«

Einstein wurde fröhlich begrüßt. Er verschaffte Jan und Miri Plätze neben seinem. An ihrem Tisch saßen schon ein jungenhaft aussehender blonder Physiker mit Schnurrbart, ein älterer Mann und zwei, drei andere Wissenschaftler.

»Na, Einstein, Sie sind ja wieder munter wie ein Kastenteufel«, sagte der ältere Mann. Jan fand ihn schwierig zu verstehen – er nuschelte und hatte einen dänischen Akzent. »Haben Sie sich ein neues Gedankenexperiment ausgedacht?«

»Allerdings«, sagte Einstein und lächelte. »Diesmal werden Sie Mühe haben, die Nuss zu knacken. Ich bin gespannt, wie Sie diesmal beweisen wollen, dass die Quantentheorie sich nicht doch in Widersprüche verwickelt, Bohr.«

»Sie werden sehen, bis zum Abendessen habe ich es widerlegt – so wie bisher jedes Mal«, lächelte Niels Bohr. »Im ersten Moment glaubt man, dass man auf ein Paradox gestoßen ist. Aber in Wirklichkeit ist es keins.«

»Wissen Sie, warum ich glaube, dass die Quantentheorie stimmt?«, mischte sich der junge blonde Mann ein. »Sie hat eine schlichte Schönheit, wie eine Sonate von Beethoven. Man spürt einfach, dass sie richtig sein muss.«

Er muss einer der jungen Genies sein, die Andy meinte!, schoss es Jan durch den Kopf. Er war viel zu angespannt, um etwas zu essen, nahm sich aber trotzdem ein Stück Toast und nagte daran herum.

»Im Gegenteil, Herr Heisenberg«, schoss Einstein zurück. »Eben weil die Quantenmechanik unverständlich ist, kann sie nicht das letzte Wort zur Sache sein. Die Theorie ist einfach falsch.«

»Aber nein, Einstein«, nuschelte Bohr. »Umgekehrt. Weil sie das letzte Wort zur Sache ist, gilt es, sie verständlich zu machen. Ich verstehe es natürlich, dass es Sie irritiert, dass wir die klassische Physik innerhalb des Atoms für ungültig erklären mussten. Aber anders lässt sich das Verhalten der Teilchen nicht erklären.«

Das hatte Jan die Datenbrille schon gesagt. Allmählich wurde er neugierig.

»Aber Sie haben doch selbst das Konzept der Lichtquanten mitentwickelt, Einstein«, wandte einer der anderen Physiker am Tisch ein, ein lebhaft wirkender dunkelhaariger Mann etwa Mitte zwanzig. »Sie waren es, der zu behaupten gewagt hat, dass Licht sowohl Welle als auch Teilchen sein kann. Warum weigern Sie sich jetzt, die Quantenmechanik zu akzeptieren?«

»Das ist Wolfgang Pauli«, flüsterte ihr Sitznachbar ihnen zu. Er hatte wohl bemerkt, dass sie etwas verwirrt schienen. Neugierig musterte er sie, fragte sich wohl, was zwei Jugendliche hier taten.

Zum Glück lenkte Einstein in diesem Moment wieder die Aufmerksamkeit auf sich. »Ich bin gerne Geburtshelfer einer neuen Physik.« Fröhlich biss er ein Stück von seinem Brötchen ab. »Aber eine innere Stimme sagt mir, dass die Quantenmechanik doch noch nicht der wahre Jakob ist. Mich stört, dass sie den Zufall zum Prinzip erhebt und nur noch von Wahrscheinlichkeiten spricht. Zufall hat in der Naturwissenschaft nichts zu suchen!«

»In der Welt der Atome schon«, sagte Heisenberg. Die Diskussion schien ihn zu nerven. »Man muss sich eben auf solche radikal neuen Gedanken einlassen, so schwer es fällt.«

Einstein lächelte. »Jedenfalls bin ich überzeugt, dass Gott nicht würfelt, meine Herren!«

Er goss sich eine neue Tasse Kaffee ein und schmierte sich ein zweites Brötchen. Jan nutzte die Pause, um sich darüber schlau zu machen, wer hier eigentlich alles am Tisch saß. Unauffällig murmelte er: »Bohr, Heisenberg, Pauli …«

Brav sprang seine Brille an und lieferte die gewünschten Infos.

»Das ist ja eine faszinierende Brille. Sonderanfertigung, oder?«

Jan zuckte zusammen. Wieder hatte ihn sein Sitznachbar angesprochen. »Ähm, ja«, sagte Jan.

»Kann ich sie mir mal anschauen?«

»Nein, das geht nicht«, sagte Jan. Er wurde langsam nervös. Wenn ein Wissenschaftler der Vergangenheit diese Brille in die Hände bekam, dann würde er sofort wissen, dass sie aus der Zukunft kamen. »Wir müssen jetzt auch leider gehen.« Er stieß seine Zwillingsschwester an.

»Ja, wir müssen gehen«, echote Miri und wandte sich an Einstein. »Vielen Dank noch mal für die Erklärungen!«

Abwesend nickte ihnen Einstein zu. Wahrscheinlich hatte er schon längst vergessen, dass sie überhaupt da gewesen waren, dachte Jan und ärgerte sich, dass sie jetzt das Rätsel verpassen würden, das Einstein Bohr stellen wollte. Sie schoben ihre Stühle zurück, verließen den Frühstückssaal und schlichen wieder hoch in die verlassenen Gänge des Hotels, in denen sie den Zeittunnel unbemerkt benutzen konnten.

»Hast du kapiert, worum es ging?«, fragte Jan.

»So halb. Ohne Datenbrille – keine Chance«, meinte Miri. »Klingt aber alles ziemlich spannend, muss ich sagen …«

Der dänische Physiker **Niels Bohr** (1885–1962) war einer der Pioniere der Quantenphysik, das große Vorbild für die jüngeren Physiker. Er hatte eines der ersten Atommodelle entwickelt und mutig Einsteins Vermutungen über die Doppelnatur des Lichts aufgegriffen. Im Gegensatz zu Einstein war er eher bereit, die revolutionären neuen Theorien zu akzeptieren, und entwickelte zusammen mit Heisenberg die »Kopenhagener Deutung«, eine bis heute diskutierte Interpretation der Quantenmechanik. Er bekam 1922 den Nobelpreis.

Werner Heisenberg (1901–1976) ist einer der Wegbereiter der Quantenphysik. Schon als Student machte der musikalische, naturverbundene junge Mann den »Altmeister« Bohr auf sich aufmerksam, indem er in einer Vorlesung eine kritische Frage zu stellen wagte. Später wurde er Bohrs Assistent in Kopenhagen und sehr früh auch Professor. Vielleicht gerade deshalb, weil er und sein Freund Pauli so jung waren, wagten sie es, über die klassische Physik hinauszudenken und ganz neue Theorien aufzustellen. Auf diese Weise entdeckte Heisenberg die für die Quantenmechanik enorm bedeutende Unschärferelation, die besagt, dass Ort und Geschwindigkeit (beziehungsweise Impuls) eines Teilchens (zum Beispiel eines Elektrons) nicht gleichzeitig genau bestimmt werden können. 1932 bekam er den Nobelpreis. Nebenbei zeugte er mit seiner Frau sieben Kinder. Als die Nazis an die Macht kamen, ließ er sich widerwillig für ihre Ziele einspannen und leitete das deutsche Atomforschungsprogramm. Später widmete er sich vor allem der Suche nach der Weltformel, allerdings ohne Erfolg.

Wolfgang Pauli (1900–1958) gehörte ebenfalls zu den Forschern, die die Quantenmechanik entwickelten. Im Gegensatz zu seinem Freund, dem ordentlichen, pünktlichen Heisenberg, war er ein chaotischer Genussmensch, der gerne nächtelang feierte. Er half Heisenberg, indem er seine Ideen gnadenlos wissenschaftlich unter die Lupe nahm, und erfand selbst das wichtige »Ausschließungsprinzip«, das nach ihm Pauli-Prinzip genannt wurde. Es besagt, dass zwei Elektronen in einem Atom niemals den gleichen Quantenzustand einnehmen dürfen, sondern Abstand halten müssen. Auch ihm wurde ein Nobelpreis verliehen (1945).

In diesem Moment blieb Jan stehen und hielt unwillkürlich die Luft an. Es fühlte sich an, als hätte ihm jemand Eiswasser in den Kragen gegossen. Konnte es sein, dass er sich irrte? Nein, eigentlich nicht.

»Was ist?«, zischte Miri.

»Da vorne ... der Typ, der da gerade die Treppe hochkommt ... so ein großer Blonder im dunklen Anzug ... den kenne ich!«

»Ach nee – ich wusste gar nicht, dass du Freunde in den zwanziger Jahren hast«, spottete Miri, doch als sie Jans Gesichtsausdruck sah, wurde sie wieder ernst. »Wer ist es denn?«

Jan zog sie am Ärmel den Gang entlang, suchte verzweifelt nach einem Versteck. »Das ist dieser Dillitzer. Ich schwör dir, den habe ich im *galaxy.wide.web* gesehen, beim Rekordversuch, als er die Lichtgeschwindigkeit knacken wollte.«

»Dillitzer, Andys Erzfeind? Den haben wir doch beide gesehen, auf dem Display im Cockpit! Wo ist er?«

»Da vorne. Jetzt komm endlich!« Der Gang schien endlos. Rechts und links Zimmertüren, aber nirgends ein Versteck. Schließlich kamen sie an eine nicht gekennzeichnete Tür. Jan probierte die Klinke. Gott sei dank, das Ding war nicht verschlossen! Sie drängten sich zwischen gestapelten Laken und Handtüchern, es roch nach Seife, Lavendel und Staub.

»Glaubst du, er hat uns gesehen?«, flüsterte Miri.

»Still jetzt! Ich glaube, er kommt hier vorbei«, zischte Jan zurück. Und tatsächlich, Schritte näherten sich. Durch den dicken Teppich waren sie fast lautlos. Klingt, als käme da ein Geist, dachte Jan. Die Schritte wurden deutlicher ... und dann auch wieder leiser.

Jan wagte wieder zu atmen. Dillitzer hatte sie nicht gesehen. Wenn es überhaupt Dillitzer gewesen war. Plötzlich kamen ihm Zweifel. War das überhaupt möglich, konnte der Professor auch durch die Zeit reisen? Oder hatte Jan vielleicht irgendeinen blonden Physiker, vielleicht irgendeinen Vorfahr von Dillitzer, mit Andys Konkurrenten aus dem Jahr 2300 verwechselt?

Nein, er war es ganz sicher gewesen. Und schließlich hatte Andy erwähnt, dass sein Feind auch einen Tunnel auf dem Schiff hatte.

»Okay«, sagte Miri und holte die Fernbedienung des Photonentunnels aus ihrer Manteltasche. »Gehen wir kein Risiko ein. Beamen wir uns besser von hier aus wieder auf die *Magellanus* ...«

Das Erste, was sie nach ihrer Rückkehr hörten, war ein Strom wilder Flüche. Er drang aus dem Cockpit. »Rotzgrüne Schleimschneckenscheiße! Gigablöder Schlonz!«

Jan und Miri sahen sich an und dachten das Gleiche: O je. Was war jetzt schon wieder los?

Als Andy sie sah, verstummte er verlegen, wischte sich den Schweiß von der Stirn und steckte den Magnetfeldschraubenzieher ein. »Sorry, dass ich so rumbrülle. Aber hier ist wirklich alles schief gegangen. Die Werft hat den Fehler nicht gefunden. Sie meinen, es ist alles frizzy, in perfekter Ordnung! Dann haben sie rumgemeckert, weil ich den letzten Servicetermin bei einer Triebwerksleistung von 10 000 Stunden nicht eingehalten habe und die Fusionshalterung kein Originalteil ist.«

»Wahrscheinlich Vorführreffekt«, versuchte ihn Jan zu trösten. Das kannte er von seinen eigenen Experimenten mit Elektronik: Sobald man irgendetwas demonstrieren will, funktioniert es plötzlich nicht mehr. Und umgekehrt, wie es schien.

»Kann sein.« Verzweifelt blickte Andy sie an. »Denn das erklärt natürlich nicht, warum die Energie plötzlich ausgesetzt hat. Und einen Fehler, den man nicht findet, kann man auch nicht beheben. Tork!«

»Tja, und was jetzt?«, fragte Miri enttäuscht. »Fliegen wir nicht zum Eisplaneten?«

»Jetzt lasse ich noch ein oder zwei spezielle Tests laufen und überprüfe die Abschirmung des Reaktors, damit ich sicher bin, dass er dicht ist. Wenn wir dabei nichts finden ... dann fliegen wir eben trotzdem los.«

Die ersten beiden Tests liefen auf dem Computer ab, nur der dritte musste von Hand durchgeführt werden. Neugierig folgten Jan und Miri dem Captain in den Maschinenraum. Andy öffnete den Reaktor und duckte sich, als ein Teil der Hülle nach außen schwang. Innen kam eine geschwungene Metallverkleidung von eigenartiger Schönheit zum Vorschein. Flink baute der Captain ein Testgerät auf, dann befahl er kurz: »Vorsicht jetzt! Bleibt in sicherer Entfernung!«

Ein fingerdicker Laserstrahl schoss heraus und tastete über das Metall. Langsam wurde die Stelle, auf die der Strahl traf, rot glühend, dann gelblich und schließlich weiß glühend. Jan spürte die Hitze, die das Metall ausstrahlte, auf seinem Gesicht.

Andy kontrollierte die Messwerte über ein kleines Taschengerät. »Hm, alles in Ordnung bisher«, murmelte er. »Solche Temperaturen muss das Innere locker aushalten.« Er schien sich wieder zu erinnern, dass er Zuschauer hatte, und wandte sich um. »Übrigens war das die Art, wie Max Planck durch Zufall die Quantenphysik begründet hat. Er hat die Strahlung eines Hohlraums, einer Art heißen Ofens, untersucht und festgestellt, dass die Energie nicht in beliebigen Mengen abgegeben wird, sondern in einem Strom von winzigen Energie-Paketen, den Quanten. Wie viel in jedem Paket drin sein darf, ist genau definiert.«

Miri lachte. »Energie gibt's nur in Paketform?«

Andy lachte. »Na ja ... man kann es vielleicht eher mit einem eurer Geldautomaten vergleichen. Bei denen kann man ja, hat mir meine Datenbank gerade geflüstert, keine beliebige Summe abheben, sondern Minimum 5 Euro oder durch fünf teilbare Beträge. Genauso ist es mit der Energie, sie tritt nur in Einheiten einer bestimmten Größe auf.«

»Was bedeutet das denn?«, fragte Jan den Captain. »Ich meine – was ändert sich dadurch überhaupt?«

»Eine ganze Menge. Es bedeutet zum Beispiel, dass sich die Energie innerhalb des Atoms nur sprunghaft ändern kann.«

»Verstehe ich nicht«, sagte Miri enttäuscht.

»Ich glaube, das muss man sich anschauen«, sagte Andy und kratzte sich am Kopf. »Pi, wo habe ich die Virtual-Reality-Ausrüstung hingelegt?«

»Sie müsste irgendwo im Materialdepot B sein«, hauchte Pi. Nach einigem Herumsuchen präsentierte Andy ihnen drei Anzüge mit Helmen. Sie streiften sich die Ausrüstung über, und Andy half ihnen dabei, die Geräte einzuschalten. Jan sah sich um – doch der Maschinenraum sah genauso wirklich aus wie zuvor.

»Es passiert ja gar nichts«, beklagte sich Miri.

»Das System wird mit Handbewegungen gesteuert«, erklärte Andy. »Wenn ihr mit den Händen wedelt, als ob ihr etwas heranholen wollt, dann geht's tiefer in die Materie hinein ...«

Jan probierte es sofort aus. Er blickte auf den Laser, ein unauffälliges längliches Metallkästchen, und winkte ihn heran. Und nun geschah endlich etwas. So schnell, dass ihm fast schwindelig wurde, zoomte die Außenwand näher – er tauchte ein in eine Welt, die wirkte wie ein verrückter Traum.

Im Inneren der Materie

Die irre Welt der Atome

Erst war die Sache noch harmlos. Jan sah das Metall wie durch ein Mikroskop, als graue Fläche, die so uneben war wie ein seit Jahren vernachlässigter Feldweg. Etwas langsamer winkte sich Jan weiter. Vor ihm löste sich die Fläche in einen Schwarm silbergrauer Wolken auf. Sie hatten oben, unten und an den Seiten kegelförmige Ärmchen. Sie schwebten nicht einfach im Raum, sondern schienen ein Gittermuster zu bilden. Ein leichter grauer Nebel schien durch das Gitter zu driften.

»Was sind das für Dinger?«, fragte Jan ratlos.

Ein leises Lachen drang von außen in seine Simulation. »Atome mit ihrer Wolke von Elektronen. Außerdem erkennt man das für Metalle typische Gittermuster.«

Übermütig griff Jan in eine der Elektronenwolke hinein und versuchte sich eines der Teilchen zu greifen – aber er fasste immer wieder daneben. Na ja, Wolken konnte man eben nicht packen.

»Elektronen umgeben den Kern in verschiedenen Schichten – wie die Schalen einer Zwiebel. Nur die obersten Elektronen fliegen in dieser Kegelform«, erklärte Andy. »Jede dieser Schalen entspricht einem bestimmten Energieniveau. Zwischen diesen Niveaus können die Elektronen springen – aber nur, wenn sie Energie von außen bekommen oder verlieren.«

»He, ist das der berühmte Quantensprung?«

»Bingo. Aber das kann man selbst mit den besten Elektronenmikroskopen nicht mehr sehen, deshalb ist ab jetzt alles Simulation.«

»Was ist das für ein Nebel?«

»Das sind frei umherwandernde Elektronen. Sie bewirken, dass ein Metall Strom leiten kann.«

Jan winkte sich näher. Wenn er genauer hinschaute, erkannte er den dunklen Atomkern in jeder Wolke. »Der ist aber winzig!«

»Allerdings. Er ist 100 000 Mal kleiner als das ganze Atom samt Elektronen.

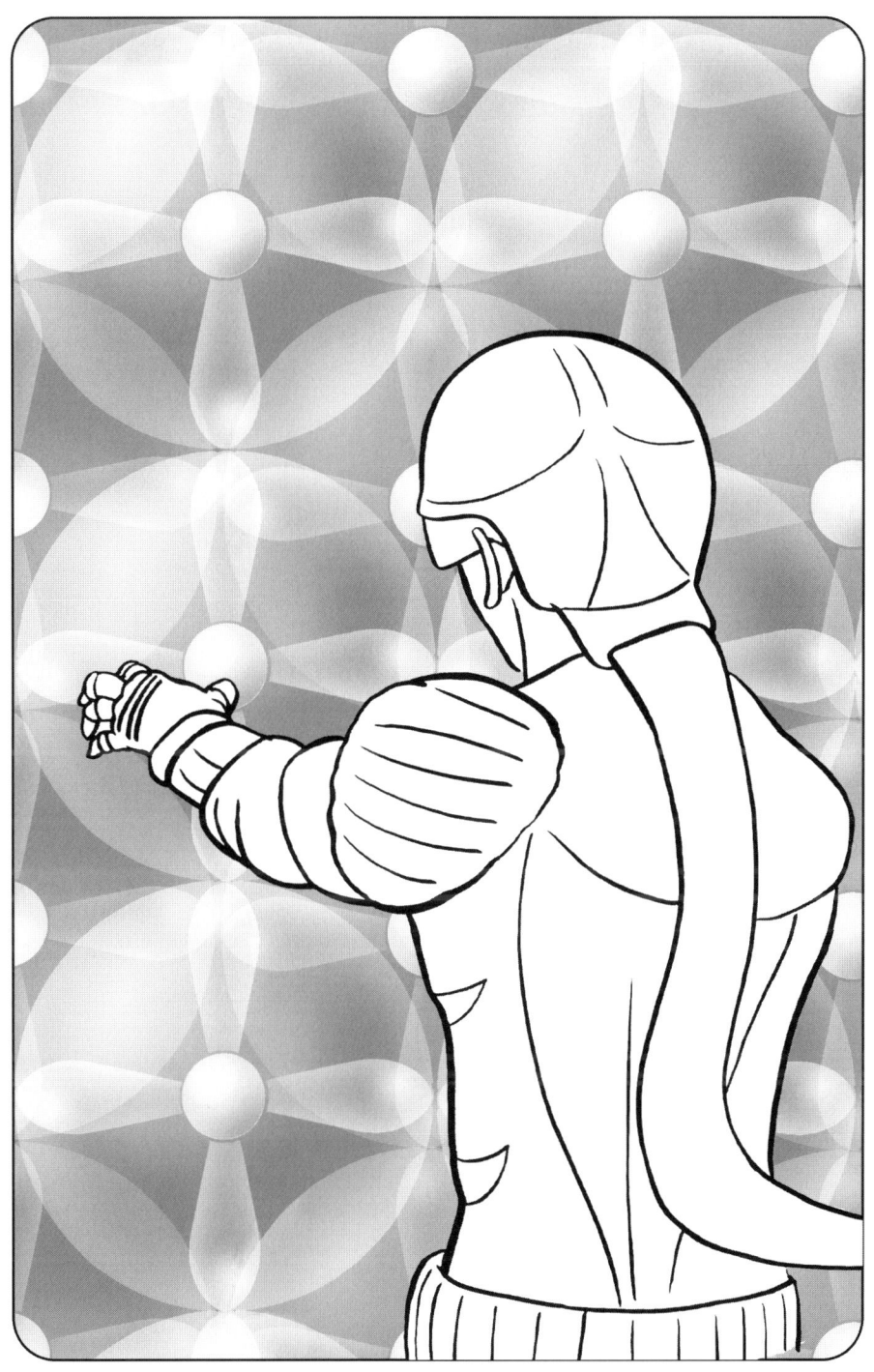

Materie besteht vor allem aus leerem Raum. Frizzy, was? Das Pauli-Prinzip ist dafür verantwortlich, dass sie trotzdem nicht einfach zusammenklatscht. Es besagt, dass zwei Teilchen niemals den gleichen Zustand haben dürfen, sondern Abstand halten müssen.«

Jan tauchte tiefer und stellte fest, dass der Kern aus zwei verschiedenen Sorten von Teilchen bestand – Protonen und Neutronen, erinnerte er sich. Neugierig versuchte er, noch tiefer zu tauchen. Und tatsächlich, es funktionierte! Die Protonen bestanden aus noch winzigeren Teilchen. »Das ist ja wie so eine russische Puppe – man nimmt sie auseinander und findet immer kleinere Puppen darin«, murmelte Jan. »Was ist das jetzt?«

»Das sind Quarks: zusammen mit den Elektronen die wichtigsten Grundbausteine der Materie. Sie sind durch unsichtbare Kräfte verbunden und bilden zusammen größere Teilchen.«

Das hatte Jan nicht gewusst. »Quarks? Ist ja witzig!« Er stellte sich automatisch vor, dass die Dinger wie kleine Quarktaschen vom Bäcker aussahen. Woher der Name wohl kam? Jan ließ die Datenbrille anspringen.

Der Name der winzigen Elementarteilchen, die man **Quarks** nennt, ist dem Roman *Finnegans Wake* von James Joyce entlehnt. Darin gibt es den rätselhaften Satz: *Three quarks for Muster Mark.* Keiner wusste, was das bedeuten soll. Davon hat sich der amerikanische Physiker Murray Gell-Mann inspirieren lassen, als er die Quarks 1969 entdeckte.

Fasziniert versuchte Jan noch tiefer einzutauchen, aber es ging nicht. »He, wieso geht's nicht weiter? Bestehen Quarks selbst aus kleineren Teilchen oder nicht?«

»Keine Ahnung – ich fürchte, die Frage musst du in ein paar Hundert Jahren noch mal stellen.«

Jan entschied sich, die Funktion des Lasers weiter zu erkunden. Er zoomte sich zurück, um wieder größer zu werden, bewegte die Füße und stellte fest, dass er jetzt mit Riesenschritten durch die Atomschichten eilen konnte. Bis er schließlich zu Atomen kam, die frei herumvagabundierten.

»Darf ich raten? Ist das das Innere des Lasers?«

»Richtig. Die Atome gehören zwei Gasen, Helium und Neon. Moment, ich schalte das Ding noch mal ein ...«

Ein Schwarm sonnenheller Lichtteilchen (Photonen) fegte knapp über Jan hinweg. Er duckte sich unwillkürlich. Auf den unteren Energieniveaus, wo sich alle Elektronen versammelt hatten, prallten die Photonen auf die Elektronen. »Wow, jede Menge Zusammenstöße!«

»Damit werden die Elektronen sozusagen angeregt, also auf ein höheres Niveau gehoben. Aber wart mal, der eigentliche Trick kommt noch.«

Jetzt schienen die meisten Elektronen angeregt zu sein, sie tummelten sich im oberen Niveau. Doch dann fegte ein zweiter Lichtblitz heran. Er schleuderte einige Elektronen nach unten zurück. Jedes Elektron, das nach unten zurückfiel, schuf ein brandneues Photon.

Jetzt überstürzten sich die Ereignisse. Die neuen Lichtteilchen trafen weitere Elektronen, die beim Absturz wiederum Lichtteilchen erzeugten. Spiegel auf beiden Seiten reflektierten die Teilchen immer wieder hin und her. Deshalb kam schnell eine Kettenreaktion in Gange. Im perfekten Formationsflug zischten die neu entstandenen Photonen gemeinsam durch das Atom und flogen schließlich davon, nach draußen – denn auf einer Seite war der Spiegel halb durchlässig. Jetzt sind die Teilchen ein Laserstrahl, riet Jan. So energiereich, weil die Photonen im perfekten Gleichklang und nicht kreuz und quer durcheinander schießen wie das normale Licht.

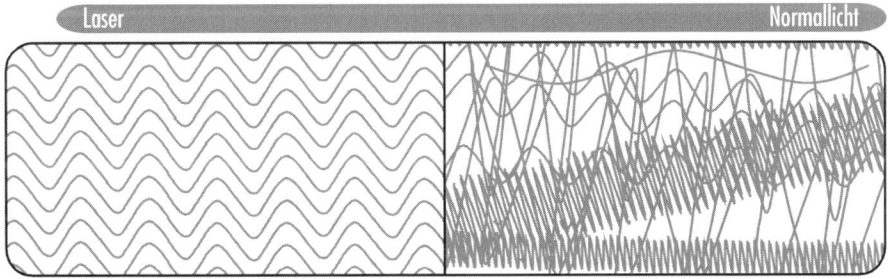

»Die Spiegel lassen nur einen kleinen Teil des Lichts durch«, flüsterte Andy. »Deshalb geht die Kettenreaktion immer weiter.«

Auf einmal stand er wieder im Maschinenraum. Andy hatte die Simulation beendet. Jan schwankte noch ein bisschen, es dauerte einen Moment, bis er sich wieder an den festen Boden gewöhnt hatte.

»Das Atom sah anders aus, als ich es in der Schule gelernt habe«, sagte Miri und runzelte die Stirn. »Dort waren die verschiedenen Teilchen als Kugeln dargestellt, und die Elektronen haben den Kern umkreist wie Planeten die Sonne. Hier sahen sie ganz anders aus. Seltsam irgendwie.«

Andy zog die Augenbrauen hoch. »Sie bringen euch wirklich so was bei? Das ist ja uralt. Besser gesagt: Bohrs Atommodell aus dem Jahr 1913.«

»Können wir was dafür?«, wehrte sich Jan. Er fühlte sich angegriffen.

»Nein, natürlich nicht«, sagte Andy verlegen. »Was ist, wollt ihr noch mehr wissen? Aber auf eigene Gefahr. Es gibt in der Quantenmechanik ein paar Rätsel, die ... die Welt verändern können.«

Seltsam – gerade Miri, die unternehmungslustige Miri, die sonst immer alles in die Hand nahm, zögerte, wirkte auf einmal unsicher. Neugierig sah Jan sie an. Hatte sie Angst, etwas nicht zu verstehen? Oder hatte sie so wie Einstein Angst, dass ihr Weltbild den Bach hinunter gehen würde?

Doch Jan hatte sich entschieden. Er wollte alles wissen, alles sehen. Er wollte endlich erfahren, was es mit den seltsamen Gesetzen auf sich hatte, von denen die Datenbrille erzählt hatte. Warum all diese brillanten Physiker über die Quantenmechanik so schockiert gewesen waren. »Machen wir's. Aber erst habe ich Hunger. Ich weiß schon gar nicht mehr, wann wir zuletzt was gegessen haben.«

»Righto. Ich koche«, bot Andy großmütig an.

Jan und Miri stöhnten auf. »Bitte nicht!«

Andy interessierte sich überhaupt nicht dafür, was er aß. Entsprechend schmeckte das, was der Küchencomputer unter seiner Anleitung fabrizierte. Doch Jan musste zugeben, dass es nicht einfach war, aus den Zutaten irgendwas herzustellen, was nicht wie recyceltes Sägemehl schmeckte. Er und Miri hatten beide schon versucht, an Bord zu kochen – doch Miris pseudo-asiatisches Menü hätte höchstens einem Schiffbrüchigen das Wasser im Mund zusammenlaufen lassen.

»Können wir nicht mal essen gehen?«, schlug Miri vor. »Oder was vom Takeaway bestellen? Du weißt schon, Fast Food? Schließlich liegen wir hier direkt neben einer Raumstation!«

Die muss ja ganz schön verzweifelt sein, wunderte sich Jan und dachte an den ganzen Krempel aus dem Bioladen, mit dem Miri daheim den Kühlschrank vollstellte.

»Hm, doch.« Voller Hoffnung sah Jan, dass Andy überlegte. Dann erhellte ein Lächeln sein Gesicht. »Slicke Idee eigentlich! Hab ich lang nicht mehr gemacht. Pi, stell mir bitte die Verbindung zum Smacko Service her! Ohne Bild aus dem Cockpit, bitte, damit sie die Zwillinge nicht sehen.«

Smacko Service? Jan und Miri tauschten Blicke. Klang eher nach Hundefutter!

»Sssmacko Servisss, wie kann ich thienen?«

»Echt beschissene Aussprache«, flüsterte Miri. »Wundert mich aber nicht – bei dem Maul.«

Auf dem Bildschirm war ein Gesicht erschienen, das in Jan den Wunsch weckte, hinter seinem Sitz Deckung zu nehmen. Es schillerte rot und gehörte einem Wesen, das wie ein kahles Nagetier mit beeindruckenden Schneidezähnen aussah. Es hüpfte ständig auf und ab, sodass man es selten ganz auf dem Bildschirm sah.

Gleichzeitig wurde auf dem Display des Cockpits eine lange Speisekarte sichtbar, unterteilt in eine Vielzahl von Nahrungsmitteln für unterschiedliche Spezies.

Jan hatte nur ein Problem mit ihr: Er verstand kein Word. Was wohl ein »Jabberblak« war, oder wie eine »Rezzawello« schmeckte? Und wie teuer war es, wenn etwas 500 Creds kostete?

Andy hatte ihr Problem bemerkt und zischte: »Keine Panik, Scouts. Ich bestell uns was Tolles.«

Er orderte ein paar Dinge, deren Namen Jan schon nach Sekunden wieder vergessen hatte, und fügte hinzu: »... und eine Box Daginnia-Käfer für meinen Medusid Gerda. Aber sie müssen richtig voll aufgeladen sein! Das letzte Mal habt ihr welche geschickt, die gar nicht mehr richtig geprickelt haben, und die hat sie alle liegen lassen!«

»Kein Pröblem. Unsther Meduthiden-Futter hat thei der Schtiftung Galaxotescht ...«

»Ja, ja, schon gut, glaube ich euch«, sagte Andy und schaltete ab. Er strahlte die Zwillinge an. »Das wird ein Festessen! Ist nicht ganz billig, aber ihr sollt ja mal richtig gute centaurische Schnellküche kennen lernen!«

Schnell war es wirklich. Eine knappe halbe Stunde später legte ein winziges Shuttle an der *Magellanus* an. Jan und Miri beobachteten durch die Cockpitkameras, wie Andy öffnen ging. Das Essen wurde von der gleichen Art pausenlos herumhüpfender Nagetiere gebracht, bei der sie auch schon bestellt hatten. Aber Angst musste man vor ihnen nicht haben. Sie gingen Andy nur bis zum Bauch. Wenn sie richtig hoch sprangen.

Gespannt machten Andy und die Zwillinge sich in der Bordküche über die vielen Schachteln und Töpfe her.

»Das sieht aus wie eine Calzone«, rief Miri erleichtert.

»... und das hier wie Spaghetti!« Jan schnappte sich eine Gabel. Und stellte fest, dass die Spaghetti a) kalt waren, b) sich noch bewegten und c) aus einer gelb-grünlich gestreiften Wurmart bestanden.

Angewidert schob er das Ganze zu Andy hinüber. »Ich glaube, das ist für dich ...«

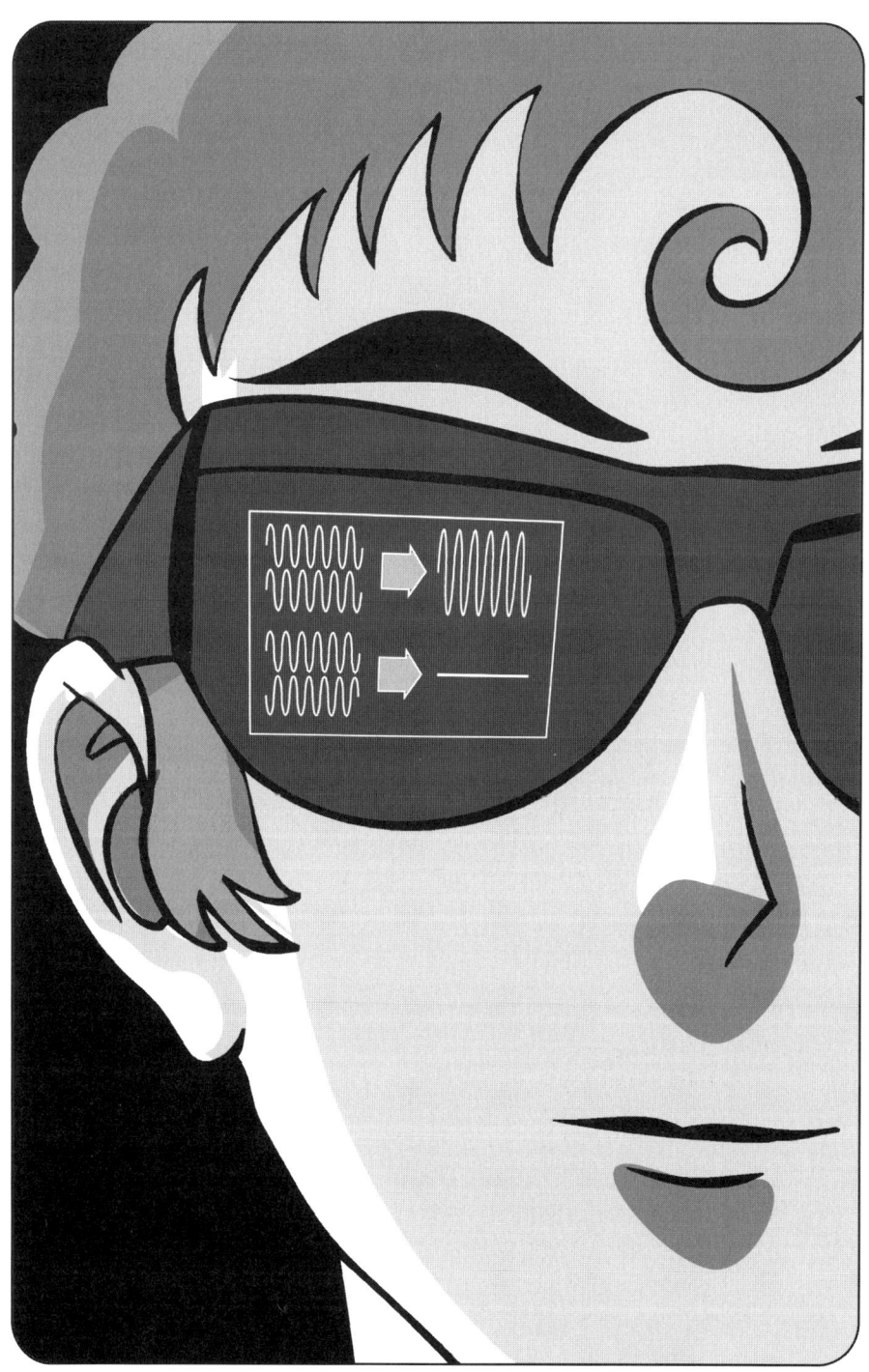

»O ja, das esse ich gerne, das sind Lellaks von Beta Eridani«, sagte Andy und biss in etwas, was wie ein Blatt mit lauter kleinen Ärmchen aussah.

»Das hier kannst du auch haben«, sagte Miri mit seltsamer Stimme und schob ihm die Calzone zu. »Wenn ich gewusst hätte, dass da eine Art gebackener Hamster drin ist, hätte ich nicht reingebissen ...«

»Probiert das hier mal.« Andy schlug eines der Dinger, die wie Straußeneier aussahen, über einem Teller auf. Sobald der Inhalt mit Luft in Berührung kam, begann er zu brutzeln. Als sich das Ganze etwas abgekühlt hatte, sah es aus wie lilabraunes Rührei. Jan probierte und stellte fest, dass es süßlich und zugleich scharf schmeckte. Ausgehungert machte er sich darüber her, während Miri unglücklich auf das ganze Menü starrte und an einer kleinen bläulichen Frucht nagte. Es war ihr sichtlich peinlich, dass sie das teure Essen verschwendete. Jan half ihr aus der Patsche. »Wolltest du nicht sowieso eine Diät machen?«

»Doch, doch, wollte ich.« Dankbar griff Miri das Stichwort auf. »Zwei Kilo habe ich mindestens zu viel.«

Die Reste des Essens wanderten in den Desintegrator, dann sagte Miri tapfer: »Okay, jetzt sind wir bereit für die Quantenmechanik.«

»Ganz sicher? Gut«, sagte Andy und lächelte. »Dann brauchen wir jetzt noch mal den Laser.«

Der Captain schnitt zwei dünne, nebeneinander liegende Schlitze in eine Kunststoffplatte, stellte den Laser auf niedrige Energie und ließ den Strahl auf die Schlitze fallen. Auf der Wand dahinter bildete sich ein Muster aus hellen und dunklen Stellen.

»Das ist ein Interferenzmuster«, erklärte er. »An diesem Muster erkennt man, dass man es mit einer Welle zu tun hat.«

Jan murmelte »Interferenz« und bewegte die Augen, um die Datenbrille zu aktivieren.

Als **Interferenz** bezeichnet man die Überlagerung von Wellen. Stell dir vor, du wirfst zwei Steine fast nebeneinander in einen ruhigen See. Um die Stelle, wo jeder Stein ins Wasser gefallen ist, breitet sich ein Wellenkreis aus. Wenn sich die beiden Kreise treffen, dann fließen sie ineinander, und es entsteht ein ganz typisches Muster. Du kannst beobachten, dass sich die Wellen verstärken, wenn Wellenberge auf Wellenberge treffen (hoch und hoch wird noch höher), oder auslöschen, wenn Wellenberge und Wellentäler aufeinander treffen (hoch und tief gleichen einander aus).

»Also besteht ein Laserstrahl aus Lichtwellen«, folgerte Miri.

»Ja, das stimmt – aus elektromagnetischen Wellen, genauer gesagt«, nickte Andy. »Aber Licht besteht auch aus Teilchen, aus Photonen, die mit anderen Teilchen im Atom zusammenstoßen und sie ablenken können, so wie ihr es in der Simulation gesehen habt. Das kann man messen. Glaubt mir, die Frage, was Licht eigentlich ist – Welle oder Teilchenstrom –, hat Generationen von Physikern eine Nuss zu knacken gegeben. Könnt ihr euch die Streitereien vorstellen? Zwei Theorien des Lichts nebeneinander, und für beide gibt es Beweise!«

»Ah, jetzt kapiere ich, worum es auf der Solvay-Konferenz ging«, sagte Jan. »Da waren sie gerade auf den Gedanken gekommen, dass Licht beides sein könnte. War bestimmt gewöhnungsbedürftig.«

»Und das ist ja nicht mal das Schlimmste. Irgendwann ist nämlich ein Wissenschaftler namens de Broglie auf die Idee gekommen, dass es auch umgekehrt sein könnte. Dass sich auch Teilchen, also ganz normale Materie, wie eine Welle verhalten könnten.«

»Was?«, rief Miri.

Andy tat tief betroffen, dass sie ihm nicht glaubte. »Los, schalte einfach noch mal die Simulation ein, probier's aus ...«

Ein paar Stichworte an das System, ein paar knappe Handbewegungen, und sie standen in einem völlig weißen Raum, in dessen Mitte eine große Barriere mit einem Doppelschlitz aufgebaut war. Ein Fingerschnipsen von Andy, und an ihrem Ende des Raumes tauchte eine Art Geschütz auf, dessen Mündung auf die beiden Schlitze gerichtet war. »Teilchenkanone«, sagte Andy und zwinkerte ihnen zu. »Sie feuert einen Strahl von Elektronen ab. Ich habe sie in der Simulation als kleine Tintenkügelchen bestellt, damit wir sehen, wo sie auf der Wand auftreffen.«

Das wird ja eine schöne Schweinerei, dachte Jan. Und das wurde es tatsächlich.

Sie stellten sich an der Wand auf und beobachteten, wie die Teilchen eines nach dem anderen durch den Doppelspalt schossen und auf der Wand aufplatschten. Eigentlich hätten nur zwei blaue Streifen als Abbild des Doppelspalts entstehen dürfen. Doch nach ein paar Dutzend Kügelchen wurde Miri und Jan klar, was sich dort abzeichnete: Wieder ein Interferenzmuster! Ein Muster, das nur bei Wellen auftrat! Miri schüttelte den Kopf. »Das ist total eigenartig.«

»Ich weiß. Es funktioniert auch nur bei Elementarteilchen, nicht bei Tintenkügelchen.« Andy schien

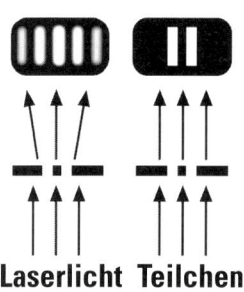

Laserlicht Teilchen

ihre Verwirrung zu genießen. »Im Jahr 1906 hat ein Mann namens J. J. Thomson den Nobelpreis für den Beweis bekommen, dass Elektronen Teilchen sind. 1937 hat dann sein Sohn den Nobelpreis bekommen, weil er bewiesen hat, dass Elektronen Wellen sind. Slick, was?«

Jan lachte. Er genoss das alles. »Das ist ja witzig. Und sie hatten beide Recht, oder?«

»Ja. Ein Elektron ist eine komplexe Persönlichkeit. Unter bestimmten Umständen verhält es sich wie ein Teilchen, unter anderen wie eine Welle. Das Fiese ist, wie ihr gesehen habt: Beobachtet man Elektronen einzeln, dann präsentieren sie sich wie Teilchen, die man zählen kann. Schaut man sich hingegen nur das Ergebnis an, dann verhalten sich die Elektronen wie Wellen, die sich überlagern.«

Miri schüttelte den Kopf und riss sich den Virtual-Reality-Helm vom Kopf. »Was für einen verdammten Unterschied macht es, wie man die Dinger beobachtet oder nicht?«

Jan hatte intensiv nachgedacht. Jetzt sagte er: »Sag mal, du verarschst uns doch nicht, oder? Das Muster lässt sich eigentlich nur erklären, wenn jedes einzelne Elektron durch *beide* Schlitze gleichzeitig gegangen wäre. Sonst könnten sie ja nicht miteinander wechselwirken und das Wellenmuster hervorrufen.«

»Genau das ist, soweit wir wissen, der Fall«, sagte Andy heiter.

»Ich glaub, jetzt brauche ich erst mal was zu trinken«, sagte Miri.

Seltsamer Besuch

Quantenphysik und Wirklichkeit

Sie setzten sich in die Bordküche, und Andy teilte ein paar Dosen Energiedrink – Marke SiracoPlus – aus. Wenn es im Weltraum Wetter gegeben hätte, hätten sie sich darüber unterhalten. So quatschten sie eine Weile über die *Magellanus* und darüber, wann Alpuri gebaut worden war. Schließlich sagte Miri zu Andy: »Bist du auf Alpuri auch zur Schule gegangen? Habt ihr überhaupt Schulen?«

Andy schüttelte den Kopf. »Ihr meint, solche Räume, wo man sitzt und sich anhört, was ein anderer erklärt? Zum Glück schon lange abgeschafft.«

»Gute Idee!«, stöhnte Jan.

»Normalerweise gehen wir in Gruppen von fünf Leuten auf Lernexpeditionen, und ein Tutor kümmert sich um einen, wenn man Fragen hat oder nicht mehr weiterweiß. Mein Tutor war eine berühmte Biologin, und seither mag ich Pflanzen. Je seltsamer, desto besser.« Andy lachte verlegen. »Ganz schön schrullig war die alte Alena. Hat nur Fragen gestellt. Manchmal hat's Wochen gedauert, bis wir die Antwort herausgefunden hatten.«

Miris Neugier war noch nicht gestillt. »Und, wie bist du aufgewachsen? Wie bist du Astronaut geworden? Jetzt erzähl doch mal! Das interessiert uns schließlich auch.« Sie wurde ein bisschen rot.

»Ach, das ist eine lange Geschichte«, sagte Andy. Und mehr war bei dieser Gelegenheit nicht aus ihm herauszubekommen. Schließlich gab Miri auf. »Okay. Dann will ich jetzt wenigstens wissen, was hinter dieser Sache mit den Elektronen steckt.«

Gespannt richtete sich Jan auf und stellte seinen Becher ab.

»In der Quantenphysik sind in einem System alle Möglichkeiten gleichzeitig vorhanden – bis man es beobachtet«, erklärte Andy. »Dann entscheidet sich das System sozusagen für eine Möglichkeit. Das heißt, das Elektron fliegt erst durch einen bestimmten Schlitz, wenn wir hinschauen. Vorher fliegt es durch beide gleichzeitig.«

»Noch mal, bitte, aber langsamer.« Jetzt kam sogar Jans Fantasie an ihre Grenzen.

»Okay. Nächster Versuch. Wenn niemand hinschaut, ist das Teilchen eine Wellenfunktion. Sie besteht aus allen sich überlagernden Möglichkeiten. Wenn jemand hinschaut, dann bricht diese Wellenfunktion zusammen und legt sich auf eine Möglichkeit, auf eine Realität fest.«

»Ich höre immer nur ›hinschauen‹«, beklagte sich Miri. »Was soll das denn? Das ist wieder so eine typisch menschliche Ansicht. Immer muss der Mensch im Mittelpunkt stehen. Er kapiert einfach nicht, dass das Universum sich nicht um ihn schert.«

Andy nickte. »Dachten wir auch. Früher. Vor der Quantenmechanik. Jetzt weiß man, dass das Ergebnis in der Welt der Atome immer vom Beobachter mitbestimmt wird. Wir, yep, *wir* sind immer wichtige Teilnehmer des Experiments. Und es gibt keine Möglichkeit festzustellen, was die Atome tun, wenn wir sie nicht beobachten.«

»Ist das alles bewiesen?«, fragte Miri schwach.

»Tausendfach.« Nachdenklich rührte Andy seinen Kaffee um. »Dass das mit dem Beobachten der Elektronen in den Atomen nicht ganz so klappt wie in der normalen Welt, hat Heisenberg als einer der Ersten begriffen. Es ist nämlich niemandem geglückt, gleichzeitig den Ort und die Geschwindigkeit eines Elektrons genau zu messen, wie man es in der klassischen Physik machen würde.«

»Wieso nicht?« Jan runzelte die Stirn. »Bei einem Auto geht's ja auch – merkt man bei jeder Radarfalle, dass das kein Problem ist.«

»Bei Elementarteilchen ist das unmöglich. Man kann die Werte nur einzeln messen, aber nie beides zugleich. Heisenberg und seine Kollegen haben verstanden, dass das prinzipiell *gar nicht geht*. Dass man zu ganz neuen Beschreibungsformen übergehen und von Wahrscheinlichkeiten reden muss. Denn die Dinger sind ja auch Wellen – und die haben keinen bestimmten Ort, nur eine Geschwindigkeit. Dadurch, dass Elektronen Teilchen und Welle zugleich sind, haben sie weder einen bestimmten Ort noch eine bestimmte Geschwindigkeit. Man könnte sagen, sie sind sozusagen unscharf!«

»Aha, die Unschärferelation.« Jan erinnerte sich an das, was seine Datenbrille erwähnt hatte.

»Genau. Damit sind Zufall und Wahrscheinlichkeit in die Physik eingetreten, eh. Wenn man nicht mehr genau messen kann, kann man auch nicht mehr genau vorhersagen, was geschehen wird. Nur so ungefähr.«

Jan stöhnte. »Jetzt kann ich verstehen, dass Einstein nicht besonders gut mit der Quantenmechanik klarkam. Ich kann mir noch nicht mal vorstellen, wie so ein Teilchen als Welle aussehen soll. In der Simulation hast du's uns einfach gezeigt.«

»Man kann es sich auch kaum vorstellen, es gibt ganz wenig Vergleichsmöglichkeiten.« Andy überlegte. »Stell dir mal ein altes Saiteninstrument vor. Wie heißen die Dinger noch mal?«

»Gitarre?«

»Ja, genau. Oh, in meinem Archiv gibt es sogar Bilder davon, wie man so ein Ding benutzt.« Andy spielte ein paar Takte auf einer Luftgitarre. »Äh, was ich sagen wollte: Eine Saite schwingt ganz schnell auf und ab, wenn man sie zupft – das erzeugt den Ton. Das Elektron wäre dann quasi der Ton.«

Plötzlich hatte Jan begriffen. So langsam passte alles zusammen, ergab diese ganze verrückte Sache einen Sinn. Es war, als wäre eine Tür aufgestoßen worden, und er fühlte sich wie Alice, die gerade ins Wunderland gepurzelt war. Ein bisschen stolz war er schon darauf, dass sein Gehirn anscheinend doch fähig war, mit Physik etwas anzufangen. Kevin hatte von Quantenmechanik wahrscheinlich keinen blassen Schimmer.

Nach einer Weile fiel ihm auf, dass Miri schon eine ganze Zeit lang nichts mehr gesagt hatte.

»He, alles klar?«, fragte er seine Zwillingsschwester. »Du bist so still.«

»Ich finde das ja alles auch superinteressant. Aber ich muss immer wieder an Einstein denken. Wie es ihm wohl ergangen ist«, sagte Miri. »Bald nach dem Kongress muss er Ärger mit den Nazis bekommen haben, die waren in diesen Jahren ja schon auf dem Weg zur Macht.«

Andy nickte. Sein Grinsen war wie weggewischt. »Einstein hatte als Jude natürlich Probleme. Politisch wurde es immer schwieriger für ihn. Schließlich war er auch noch Pazifist. Setzte sich für den Frieden ein.«

»Das machte ihn in der Zeit natürlich nicht sonderlich beliebt ...«

»No-go. Zu Anfang hatte ihn Deutschland mit Ehren überhäuft und davon überzeugt, die Schweizer Staatsbürgerschaft abzulegen und wieder nach Deutschland zu kommen. Aber 1933, nach seiner Flucht, hat man ihn ausgebürgert und sein Vermögen eingezogen. Seine Theorie galt plötzlich als Teil einer ›jüdischen Weltverschwörung‹. Sogar manche Physiker sagten so einen Grosch.«

»Er hatte Glück, dass er noch rechtzeitig aus Deutschland rausgekommen ist«, sagte Miri. »Er ist nach Amerika ausgewandert, oder?«

»Ja. 1932 war's so weit. Er tat so, als würde er nur auf eine normale Reise gehen. Aber er hatte vor, nie zurückzukehren – und ist's auch nicht«, berichtete Andy. »Zum Glück bekam er einen Lehrstuhl in Princeton. Dort hat er den Rest seines Lebens damit verbracht, sich über die Weltformel den Kopf zu zerbrechen. Genau wie nach ihm Heisenberg übrigens.«

»Na, vielleicht hast du ja wirklich mehr Glück«, sagte Jan zweifelnd. Dass Andy Heisenberg erwähnte, erinnerte ihn an etwas. Sie hatten ganz vergessen, dass sie sehr wahrscheinlich Dillitzer gesehen hatten! »Äh, du, Andy ...«

»Was ist?«

»Ich glaube, wir haben Dillitzer gesehen. Auf der Solvay-Konferenz.«

Andy schreckte auf. Alarmiert starrte er Jan an. »Beim hüpfenden Neutrino! Wieso habt ihr mir das nicht schon früher erzählt?«

»Wir waren nicht ganz sicher ...«, sagte Miri verlegen.

»Aber doch *ziemlich* sicher«, meinte Jan. »Es war der Typ, den Andy und ich beim Rekordversuch im *galaxy.wide.web* gesehen haben!«

»Hat der Negg euch bemerkt?«

Miri schüttelte den Kopf. »Nein, ganz sicher nicht.«

»Gut so. Tork! Er hätte die Brillen sofort erkannt.«

»Was meinst du, was könnte er da gemacht haben?«, fragte Jan. »Vielleicht ist er einfach gleichzeitig mit uns auf die Idee gekommen, sich mit den Quantenleuten zu unterhalten.«

»Das ist mir ein bisschen zu viel des Zufalls.« Der Captain runzelte die Stirn. »Ich fürchte, er hat spioniert. Dillitzer versucht ja schon die ganze Zeit herauszufinden, was ich verberge.«

»Hey, du erzählst uns die ganze Zeit was von Zufall und glaubst jetzt selbst nicht dran?« Jan musste lachen. Doch ausnahmsweise lachte Andy nicht mit.

»Ich muss herausfinden, wie viel er weiß«, sagte er. »Ich werde nachher bei ein paar Freunden von mir im Café Andromeda vorbeischauen müssen. Sobald ich diesen Grosch mit der Werft erledigt habe und wir wieder auf einer normalen Dockposition sind.«

In diesem Moment bemerkten Jan und Miri, dass etwas gegen die Schleusentür pochte. Es klang nicht, als ob jemand anklopfte – sondern eher, als ob jemand wieder und wieder einen Ball dagegen warf. »Was ist *das* denn?«, fragte Jan, aber Andy winkte ab. »Mit etwas Glück bleibt uns erspart, dass wir uns auch noch damit rumärgern müssen. Geht ihr bitte mal zur Schleusentür und passt auf, dass niemand reinkommt?«

»Klar, machen wir.« Sie gingen nach hinten und lehnten sich gegenüber der Schleuse an die Wand. Das Pochen hatte nicht aufgehört.

»Vielleicht ist es ein nerviger Mechaniker«, vermutete Jan – und schrak zusammen. Denn gerade kam etwas *durch* die verschlossene Schleuse geflogen. Eine Art hellgrauer Ball, halb so groß wie ein Mensch.

»He!«, schrie Miri und versuchte, nach dem Ding zu greifen. »Stopp!«

»Bittebittebittebitte ... mitnehmen .... bittebitte ...«

Nein, Jan hatte sich nicht verhört: Das Ding sprach. Es war kein Ball, sondern eine Art Lebewesen. »Geh nicht zu nah ran«, riet er Miri. »Vielleicht beißt es.«

Angelockt von all dem Lärm kam Andy in Richtung Schleuse geeilt. Er funkelte den grauen Ball an. »Fuzzy! Du schon wieder! Habe ich dir nicht schon tausendmal gesagt, dass ich dich nicht mitnehmen kann?«

»Bittebitte ...«, wimmerte der Ball. Jetzt kam Jan dazu, ihn genauer zu betrachten. Auf den ersten Blick hatte es gewirkt, als habe der kleine Außerirdische ein Fell, doch wenn man näher hinschaute, sah man, dass er einfach irgendwie unscharf und verschwommen war.

Seufzend wandte sich Andy an Jan und Miri. »Das ist ein Lebewesen von der Welt, die sie Paulis Planet getauft haben. Ein Expeditionsteam hat es vor ein paar Jahren mitgebracht. Seither sucht das deffige Vieh jemanden, der es zu seinem Heimatplaneten zurücktransportiert.«

»Können wir das nicht machen?« Miri hatte wieder diesen entzückten Blick. Kein Zweifel, sie findet das Ding süß, dachte Jan.

»Geht nicht, unser Ziel liegt genau in der Gegenrichtung. Und ich brauche diese Daten unbedingt.« Mit strengem Blick fixierte Andy den Außerirdischen. »Du verschwindest jetzt, Fuzzy, hast du gehört? Ich werde schauen, was ich für dich tun kann. Aber im Moment können wir dich an Bord nicht gebrauchen.«

»Wie hat er es eigentlich geschafft, durch die Schleuse zu kommen?«, fragte Jan. »Ich habe genau hingeschaut – die Tür war zu!«

»Ach, das. Es hat uns auch sehr überrascht, dass die Bewohner von Paulis Planet Quanteneigenschaften haben. Sie verhalten sich sozusagen wie überdimensionale Elementarteilchen.«

Jan lagen eine Menge Fragen auf der Zunge, aber Andy redete schon weiter. »Stell dir eine Kugel vor, die vor einem kleinen Hügel liegt. Hätte sie genug Bewegungsenergie, könnte sie drüberrollen. Hat sie in diesem Fall aber nicht. Trotzdem kann's sein, dass diese Kugel irgendwann auf der anderen Seite des Hügels auftaucht. Sie hat sich durch ihn hindurchgetunnelt! Frizzy, was? Allerdings hat sie dazu viele vergebliche Versuche gebraucht, weil die Wahrscheinlichkeit, dass sie es schafft, sehr gering war.«

»Das ist unmöglich«, sagte Miri. »Dann könnten Menschen doch auch durch Wände gehen. Man müsste nur lange genug dagegenrennen!«

Andy grinste. »Dabei würdest du dir nur eine Gehirnerschütterung holen. So was geht nur in der Welt der Elementarteilchen, wo die Quantengesetze herrschen. In unserer Welt wirken sie sich nicht aus. Elektronen können tunneln – können also Grenzen überwinden, obwohl es ihre Energie gar nicht erlaubt. Sie können sich durch die Unschärferelation kleine Energiemengen ›leihen‹. Menschen nicht.«

»Ich denke, Energie kann man nicht einfach so aus dem Nichts machen.« Miri war empört.

»Kleine Mengen schon. Und auch nur kurz. Wenn man ein Teilchen ist.«

Jan blickte sich um. Der graue Ball war verschwunden. »He, Andy, Fuzzy ist weg! Vielleicht hat er sich wieder nach draußen gebohrt …«

»Getunnelt meinst du. Ich fürchte nicht. Er ist furchtbar hartnäckig und belästigt alle Astronauten auf Alpuri. Es wäre sehr nett, wenn ihr den kleinen Simplo suchen und hinauswerfen würdet.«

»Wieso flimmert er eigentlich so komisch?«, fragte Jan. »Ist das auch eine Quanteneigenschaft?«

»Allerdings. Weißt du noch, die Unschärferelation? Du bekommst einfach kein scharfes Bild!«

Miri rebellierte. »Ich glaube ja eher, dass das ein messtechnisches Problem ist!«

»Nein, es ist eine Eigenschaft«, beharrte Andy. »Quantenmechanische Teilchen lassen sich eben nicht in ein klassisches Korsett zwängen. Man kann sie weder greifen noch begreifen und schon gar nicht klar beobachten.«

»Wie auch immer, wir gehen jetzt Fuzzy suchen«, kündigte Jan an.

»Prima. Lasst euch am besten durch Pi helfen«, meinte Andy und ging ins Cockpit zurück.

»Keine schlechte Idee«, sagte Miri und blickte unwillkürlich nach oben. »Pi, wo ist Fuzzy gerade?«

»Die Wahrscheinlichkeit, dass er im Cockpit ist, beträgt 30 Prozent. Die Wahrscheinlichkeit, dass er im Maschinenraum ist, beträgt 40 Prozent. Mit jeweils 10 Prozent Wahrscheinlichkeit ist er im Maschinenraum, den Kabinen oder dem Experimentierraum.«

»Kann man von dir auch eine vernünftige Antwort bekommen?«, beschwerte sich Miri. »Pi, warum sagst du uns nicht einfach, wo das Vieh ist?«

Jan rollte mit den Augen. Hatte Miri überhaupt nichts mitgekriegt? Das hatte Andy ihnen doch schon erklärt!

»Das geht nicht«, sagte Pi mit Verwunderung in der Bluessängerinnen-Stimme. »Er ist überall zugleich, im Moment überlagern sich seine Möglichkeiten. Erst wenn jemand, ihr zum Beispiel, ihn beobachtet, dann legt sich seine Position fest.«

»Mir ist die normale Physik lieber«, stellte Miri trotzig fest. »Da tritt irgendein Effekt auf, den kann man messen, und damit hat sich's. Schwarz oder Weiß, ja oder nein.«

»Ist schon in Ordnung«, sagte Jan. Miri hatte eben nicht so viel Fantasie wie er. Normalerweise hatte das Vorteile. Jan bekam seit seiner Kindheit vorgeworfen, er sei ein Träumer. »Ich gehe jetzt zum Maschinenraum. Dort ist er mit der größten Wahrscheinlichkeit.«

Doch in diesem Moment meldete sich schon Andy über die Lautsprecher im Gang. »Ihr könnt zurückkommen, Scouts«, sagte er und seufzte. »Fuzzy ist gerade im Cockpit aufgetaucht.«

»Da war er also!«, murmelte Miri und setzte sich in Bewegung.

Doch Jan blieb nachdenklich. »Vielleicht war er nur deswegen dort, weil Andy zuerst hingeschaut hat«, murmelte er. »Vielleicht hätten *wir* ihn im Maschinenraum gefunden ...«

Im Cockpit trieb Fuzzy sie beinahe zum Wahnsinn. Er tauchte unversehens mal hier, mal dort auf, wischte umher, ohne dass sie ihn bei einer Bewegung beobachten konnten.

»Beachtet ihn einfach nicht«, empfahl ihnen Andy.

Das fiel Jan nicht schwer. Er dachte immer noch darüber nach, was Andy und Pi ihnen über die Quantenmechanik erzählt hatte. Über die Möglichkeiten, die alle gleichzeitig existierten. Andy schien zu spüren, was ihn beschäftigte, denn als sie ein paar Minuten im Cockpit nebeneinander gesessen hatten, sagte er: »Hast du schon mal von Schrödinger und seinem Kätzchen gehört?«

»Vom Hörensagen«, sagte Jan und befragte schnell seine Datenbrille.

Erwin Schrödinger (1887–1961) war wie Heisenberg, Bohr und Pauli Entwickler der Quantentheorie. Mit der nach ihm benannten Gleichung konnte man endlich die Energiewerte der Atome richtig berechnen. Und doch stand er der Quantenmechanik genauso skeptisch gegenüber wie Einstein. Um deutlich zu machen, wie verrückt sie ist, dachte er sich ein Gedankenexperiment aus, das als **Schrödingers Katze** in die Geschichte einging.

Eine Katze ist in einer Kiste eingesperrt. In dieser Kiste befindet sich außerdem eine Kapsel giftigen Gases, über der ein Hammer schwebt. Dieser Hammer wird ausgelöst, sobald ein Detektor den Zerfall eines radioaktiven Elements registriert hat. Da man diesen Zerfall nur über Wahrscheinlichkeiten beschreiben kann, lässt sich nicht genau sagen, ob und wann der radioaktive Zerfall tatsächlich stattgefunden hat. Demnach kann man auch nicht genau bestimmen, wann der Hammer ausgelöst, die Giftkapsel zerbrochen und das Gas die Katze getötet hat. Erst wenn jemand im Raum nachschaut, entscheidet sich das System für eine Möglichkeit – die Katze ist entweder tot oder lebendig. Schrödinger behauptete, dass die korrekte quantenmechanische Beschreibung der Katze in der ungeöffneten Kiste aus einem gemischten Zustand – tot und lebendig zugleich – besteht.

Jan lachte. »Das ist nun wirklich Blödsinn. Halb tot und halb lebendig, das gibt's nicht.«

»In unserer Welt der großen Dinge nicht – das zeigt das Beispiel ja«, sagte Andy. »Aber im Atom ist so was in der Art sehr wohl möglich. Wisst ihr, was Niels Bohr einmal gesagt hat? ›Wer über die Quantentheorie nicht schockiert ist, der hat sie nicht verstanden.‹«

»Das beruhigt mich«, stöhnte Jan. »Obwohl ich das Gefühl habe, dass es mir langsam klarer wird.« Er schaute sich nach Fuzzy um. Das Quantenwesen war verschwunden. »Pi, ist Fuzzy noch innerhalb des Schiffs?«

»Anscheinend nicht«, berichtete Pi. »Die Wahrscheinlichkeit, dass er sich wieder draußen in der Werft befindet, beträgt 99,99998 Prozent.«

»Das deffige Vieh gehört wirklich in den Teilchenzoo«, schimpfte Andy, während er die *Magellanus* aus der Werft hinaus und wieder in den Raum manövrierte. Ein paar Minuten später lagen sie wieder auf einer normalen Dockposition. »Jetzt kann ich endlich los und auskundschaften, was Dillitzer über euch und meine Pläne weiß. Am besten schaue ich im Café Andromeda vorbei. Und dann können wir endlich zum Eisplaneten losfliegen.«

Im Teilchenzoo

Quarks & Co.

Beim Wort »Zoo« hatte Miri aufgehorcht. »Wir können ja sowieso nicht mit, wenn du auskundschaften gehst, oder?«, fragte sie. »Eigentlich könnten wir ja währenddessen in den Teilchenzoo gehen. Ist er hier auf Alpuri?«

Die und Tiere, dachte Jan und seufzte. Aber er musste zugeben, dass ihn das auch interessierte. Vor ein paar Jahren hatte er eine Katze haben wollen. Er mochte Katzen, sie hatten etwas Geheimnisvolles. Er hatte sich sogar schon im Tierheim eine ausgesucht. Aber dann hatte es ihre Mutter doch verboten.

Andy lachte. »Es ist kein wirklicher Zoo. Das ist nur so ein Ausdruck, den Physiker benutzen, weil es inzwischen mehrere Hundert verschiedene Teilchen gibt. Und laufend entdeckt man neue. Vor allem mithilfe von Teilchenbeschleunigern.«

Teilchenbeschleuniger sind riesige, oft unterirdische Experimentierbahnen, manchmal sogar mehrere Kilometer lang. In ihnen bringen Physiker Elektronen, Protonen, Ionen oder andere Teilchen durch Magnetfelder auf nahezu Lichtgeschwindigkeit. Dadurch haben die Teilchen eine enorme Energie. Dann lässt man sie auf andere Teilchen oder Atomkerne prallen, beobachtet das Ergebnis mithilfe von Detektoren (Nachweisgeräten) und versucht dann zu verstehen, warum die Teilchen sich so und nicht anders verhalten haben.

Zu beobachten gibt es reichlich: Bei dem heftigen Zusammenstoß der Teilchen wird ihre Energie frei und wandelt sich in eine Schar von neuen Teilchen um, die meisten davon instabil und kurzlebig. Nach der Kollision ist nicht nur (nach $E=mc^2$) mehr Materie da als vorher, sondern auch völlig neue, andere Materie. Das ist in etwa so, als würde man zwei Äpfel aufeinander prallen lassen und als würden beim Zusammenprall Erdbeeren, Bananen und Orangen entstehen.

Doch als er sah, wie enttäuscht Miri dreinblickte, sagte er: »Aber das macht gar nichts. Es gibt eine Simulation davon in der virtuellen Bibliothek von Alpuri. Lasst sie euch von Pi raussuchen, wenn ihr wollt. Bis später!«

Jan und Miri sahen sich an und nickten. »E hoa. Klingt gut«, sagte Miri. »Los, das machen wir. Ich muss mal wieder raus aus dem Schiff. Mir platzt gleich der Schädel von dieser ganzen Quantenphysik.«

Während Miri Pi überredete, die Simulation zu laden, fragte Jan erst einmal seine Datenbrille, was genau ein Teilchenbeschleuniger war.

Jetzt bin ich ja wirklich gespannt«, sagte Jan und legte sich die Virtual-Reality-Ausrüstung wieder an.

Ein paar Minuten später standen sie vor dem großen Torbogen, der *Herzlich Willkommen im Teilchenzoo* verkündete. Miri schnupperte. »Hier riecht's nicht nach Tier, aber dafür ein bisschen nach Ozon …«

»Schau mal«, sagte Jan und deutete auf einen Wegweiser. Nach rechts ging's, so gab er zur Auskunft, zu den Hadronen, nach links zu den Leptonen. In ganz kleiner Schrift stand darunter, dass Hadronen schwere Teilchen waren, Leptonen leichte. »Ach, gehen wir einfach erst mal nach links …«

Die Käfige, in denen die Elektronen gehalten wurden, waren groß. Jan und Miri merkten bald, warum – die Elektronen schienen einander nicht ausstehen zu können und gingen einander aus dem Weg. »Das sind ja echte Individualisten«, meinte Miri und las, was auf der Erklärungstafel vor dem Käfig stand. »Aha: Hier steht, dass sie Paulis Gesetz befolgen, nach dem sich keines von ihnen im gleichen Zustand befinden darf.«

»Ein verdammt wichtiges Gesetz.« Jan erschrak. Er stellte fest, dass die Tafel auf einmal Lippen bekommen hatte und sie ganz frech ansprach. »Deshalb klatscht ein Tisch nicht zu einem kiloschweren Punkt von der Größe eines Atoms zusammen, sondern besteht vor allem aus leerem Raum. Weil die Elektronen einander meiden und aus dem Weg gehen, brauchen sie eine Menge Platz.«

Auch ein kleines Gehege mit einem einsamen Positron gab es. Es sah auf den ersten Blick aus wie ein normales Elektron. Doch vor seinem Käfig stand ein rotes Warnschild: *Antimaterie* stand darauf. *Nicht mit normaler Materie in Kontakt bringen!* Miri befragte ihre Datenbrille. »Ach so ist das«, meinte sie. »Antimaterie-Teilchen sind sozusagen das Spiegelbild von normalen Teilchen. Also ist das Elektron positiv geladen statt negativ. Wenn es ein normales Teilchen trifft, zerstören sich die beiden gegenseitig und es gibt einen gewaltigen Energieblitz!«

Im Gehege daneben steckte, wie sie feststellten, ein Myon. Es sah wie ein Elektron aus, nur viel größer und fetter. Miri machte »putt, putt, putt« und steckte den Finger durchs Gitter, um es anzulocken. »He, lass die Viecher doch in Ruhe«, sagte Jan und deutete auf die Tafel, auf der stand: *Bitte den Elektronen keine Energie zuführen!*

»Mache ich doch gar nicht!«, sagte Miri. In diesem Moment platzte das Myon. Es fiel einfach in mehrere kleinere Teilchen auseinander, darunter ein Neutrino und ein Elektron, die hektisch umherwuselten und schließlich aus dem Käfig flohen. »Scheiße, war ich das?«

»Nee, hier steht, dass die Myonen und auch die Pionen im Käfig nebenan sowieso instabil sind«, beruhigte sie Jan nach einem Blick auf die Erklärungstafel. »Sie entstehen nur durch Höhenstrahlung in der Atmosphäre oder in Beschleunigern – und leben weniger als eine Millionstel Sekunde.« Und tatsächlich, schon kam einer der Pfleger mit einer Schubkarre voll neuer Myonen, die selbst schon wieder verschwanden. »Ständig muss man die blöden Dinger nachfüllen«, murrte er vor sich hin.

»Komm, gehen wir weiter«, sagte Miri. Auch im Gehege der Neutrinos fluchte ein Pfleger vor sich hin. Als sie vor dem Käfig standen, wurde ihnen auch klar, warum – die winzigen Teilchen witschten einfach so durch die Wände des Käfigs, als wären sie gar nicht da. Kaum angekommen, waren sie schon wieder verschwunden. »Verdammte Dinger!«, fluchte der Pfleger. »Sie sind unheimlich schwer zu halten, weil sie elektrisch neutral und fast masselos sind – mit nichts und niemandem reagieren sie.«

Im Leptonenbereich gab es auch ein »Bosonenhaus« – neugierig warfen Jan und Miri einen Blick hinein. Das klang ja fast wie ein Affenhaus! Drinnen ging es wirklich verrückt zu. Lichtteilchen zischten in den verspiegelten Käfigen wie wild hin und her. Meistens gemeinsam, sie schienen sehr gesellig zu sein.

Als sie weiterschlenderten, entdeckten Jan und Miri auch noch ein paar Gehege, an denen das Schild *Kraftteilchen* hing. »Gravitonen, W- und Z-Teilchen – hm, keine Ahnung, was Kraftteilchen sind«, meinte Jan nach einem Blick auf die Erklärungstafel. Doch zum Glück hatte er selbst in der Simulation seine Datenbrille auf.

Kraftteilchen. Nach der Quantentheorie sind Kräfte nichts anderes als das Hin- und Hersausen von Teilchen. Zum Beispiel übertragen Lichtteilchen die elektromagnetische Kraft. Die geheimnisvollen Gravitonen übertragen die Gravitation, W- und Z-Teilchen sind Träger der schwachen Kernkraft, die bei radioaktiven Zerfallsprozessen wirkt, und die winzigen Gluonen halten die Quarks und damit auch den Atomkern zusammen.

Als Nächstes gingen Jan und Miri zum Hadronenbereich hinüber. Er war viel größer als der Leptonenbereich, hier gab es buchstäblich Dutzende von verschiedenen Teilchen. Sie waren größer und gesetzter als die Leptonen, hier war keine Rede davon, dass sie durch die Käfigstangen flohen. Doch viele von ihnen platzten ständig auseinander, sodass Jan in Deckung gehen musste. »Mensch, mir scheint, die Einzigen, die hier stabil sind, sind Protonen und Neutronen!«

Die Protonen und Neutronen wurden, wie sie herausfanden, im »Baryonenhaus« gehalten, weil sie aus drei Quarks bestanden. Viele andere, nur aus zwei Quarks aufgebaute (und sämtlich instabile) Teilchen fanden sich im Mesonenhaus. Neugierig beugte sich Miri über ein Proton, das zutraulich bis zum Gitter seines Käfigs gekommen war. »Schau mal!«, sagte sie zu Jan. »Da drinnen im Proton sieht man drei Quarks, die miteinander Ball spielen ... oder zumindest sieht's so aus.«

Jan schaute genau hin. »Das sind keine Bälle, sondern winzige Teilchen ... das müssen die Gluonen sein! Ach ja, hier steht's auf der Erklärungstafel ... Quarks kommen nicht einzeln vor, sondern nur in Gruppen von zwei oder drei, und die Gluonen kleben sie quasi zusammen wie durch Superkleber, jedenfalls unheimlich fest.«

»Sie heißen wahrscheinlich nach dem englischen Wort ›Glue‹, ›Kleber‹«, überlegte Miri. »Hm, kommt es mir nur so vor, oder gibt es mehrere verschiedene Arten von Quarks?«

»Hier steht, es gibt sie in ganz verschiedenen Sorten – die Kombination entscheidet, was für ein Teilchen sie bilden«, sagte Jan und lachte. »Strange, charm, up, down, top, bottom ... außerdem gibt es noch rote, grüne ...«

»Sie sind nicht wirklich rot oder grün«, mischte sich ein anderer virtueller Zoobesucher freundlich ein. »Es sind so seltsame Eigenschaften, dass es dafür in der menschlichen Sprache noch keine Worte gibt. Man hätte auch genauso pruddel- und tukkel-Quark sagen können.«

»Klingt auch nicht schl...«

Unsanft wurden sie wieder in die wirkliche Welt zurückgerissen. Die Simulation schnurrte zusammen und verschwand in einer großen Dunkelheit, dann nahm jemand Jan den Helm vom Kopf. Jan und Miri blickten in Andys aufgeregtes Gesicht.

»Ihr müsst leider von Bord«, sagte er. »Und zwar so bald wie möglich!«

Notruf per Photon
Das EPR-Experiment

»Was ist passiert?«, fragte Miri erschrocken.

»Ich war gerade im Café Andromeda und habe mit einem Freund von mir gesprochen. Er schwört, dass er absolut niemandem weitererzählt hat, dass ich euch auf die Solvay-Konferenz geschickt habe. Also kann es nur eins bedeuten, wenn Dillitzer dort aufgetaucht ist – er hört unseren Funk ab! Ich hab's dem Freund nämlich über Funk erzählt.«

»O je.« Jan seufzte. Warum musste Andy auch so geschwätzig sein und überhaupt jemandem davon erzählen?

»Wir müssen damit rechnen, dass mein Schiff jeden Moment von den Behörden durchsucht wird. Weil Dillitzer denkt, dass ich etwas Verdächtiges an Bord habe.« Andy blickte düster drein. »Und wenn sie euch finden, dann werden wir uns bald fühlen wie bei einem Bad in Plasma. Die brauchen nur 'ne halbe Stunde, bis sie wissen, dass ihr aus der Vergangenheit kommt.«

»Das heißt, Dillitzer hat einen sehr guten Draht zu den Behörden«, folgerte Jan.

»Na klar. Macht hat er jetzt schon, und noch dazu rechnen sich viele aus, dass er Wissenschaftsminister werden wird.«

Miri war blass geworden. »Jeden Moment könnte jemand kommen? Aber wo sollen wir hin? In unsere Zeit zurückbringen kannst du uns ja nicht.«

»Nein, und es wäre auch zu gefährlich, euch mit dem Tunnel irgendwo hinzuschicken, Scouts.« Nachdenklich kippelte Andy in seinem Pilotensessel. »Stellt euch mal vor, die Kerle beschlagnahmen unter irgendeinem Vorwand meine Tunnelausrüstung. Dann seid ihr dort, wo ich euch hingeschickt habe, gestrandet und könnt nicht mehr zurück.«

»Nein, danke!«

»... und euch auf Alpuri zu verstecken ist auch keine gute Idee. Tja, da bleibt nicht mehr viel übrig.« Andy hatte einen der Spiegelwürfel genommen, die schon die ganze Zeit im Cockpit herumlagen. In eine der Seiten waren winzig kleine Buchstaben und Zahlen eingraviert. »Ich muss euch von Bord bringen, auf ein anderes Schiff. Eine alte Freundin von mir ist gerade in der Gegend. Wenn ich ihr Bescheid sage, kann sie euch aufnehmen. Für eine Weile.«

Jan tippte sich an die Stirn. »Spinnst du? Dillitzer braucht nur mitzuhören und uns dann aus dem anderen Raumschiff zu pflücken wie reife Pflaumen.«

»Irrtum.« Grinsend schüttelte Andy den Kopf. »Ich habe noch einen Trick in petto. Wisst ihr, was das ist?« Er zeigte ihnen den Spiegelwürfel.

Miri und Jan zuckten die Schultern. Liebevoll strich Andy über die gläserne Außenfläche des Würfels. »Da drin befindet sich ein einzelnes gefangenes Photon, ein Lichtteilchen. Es zischt schon seit vielen Wochen zwischen den Spiegeln hin und her und kann nicht raus. Für mich ist es ein ganz schön wertvoller Gefangener. Sein Bruder ist nämlich in der Richtung unterwegs, in der meine alte Freundin reist! Da so ein Photon mit Lichtgeschwindigkeit revvt, hat es sicher schon einige Millionen Kilometer zurückgelegt.«

»Ja, und?«, fragte Miri. Sie argwöhnte wohl, dass jetzt wieder eine Menge Quantenmechanik über sie hereinbrechen würde. »Kann ein Photon überhaupt einen Bruder haben?«

»Righto, kann es. Man kann mit einem Kristall ein Photonenpaar erzeugen, das eng verbunden ist. Sie haben immer entgegengesetzte Zustände, sagen wir mal Zustand A und Zustand B. Wenn man den Zustand des einen feststellt, weiß man automatisch auch den des anderen, eben weil sie immer entgegengesetzt sind.«

Worauf wollte Andy hinaus? Jan hatte noch keine Ahnung. Er nahm den Spiegelwürfel in die Hand und versuchte hineinzuspähen. Doch selbst wenn ihm das geglückt wäre – ein einzelnes Lichtteilchen wäre viel zu schwer zu sehen gewesen.

»Genau so ein Pärchen habe ich also erzeugt – oder eher ein paar Dutzend«, erklärte Andy. »Von jedem Paar habe ich ein Photon in eine bestimmte Richtung wegfliegen lassen und das andere hierbehalten. Jetzt ist es so: In der Quantenphysik bestimmt der Beobachter das Ergebnis mit. Solange ich nicht in den Würfel hineinschaue, ist das gefangene Photon noch in allen Zuständen gleichzeitig, es hat noch alle Möglichkeiten. Sobald ich hineinschaue, entscheidet sich, welchen Zustand mein Gefangener hat – und damit steht automatisch fest, dass sein Bruder den entgegengesetzten Zustand hat. So weit kennt ihr's ja aus der Quantenphysik.«

»Ja, und?« Jan war enttäuscht.

Entschlossen stand Andy auf, den Spiegelwürfel in der Hand. »Wirst du gleich sehen. Es wird nämlich Zeit, dass ich Santii Bescheid sage. Wir haben vereinbart, dass ein B-Photon bedeutet, dass ich Hilfe brauche. Einen Treffpunkt haben wir schon vor ewiger Zeit abgesprochen.«

Er verschwand in seinem Experimentierraum; Jan und Miri blieben ihm neugierig auf den Fersen. Andy schaltete das Deckenlicht aus und machte sich an seinem Laser zu schaffen. »Ich stelle ihn so ein, dass er ein einzelnes Photon erzeugt. Der Trick ist nämlich, dass ich selbst bestimmen kann, was für ein Photon ich im Spiegelwürfel gefangen halte. Wenn ich seinen Zustand mithilfe eines B-Photons abfrage, wird mein Gefangener sich als A herausstellen und umgekehrt«, hörten sie seine Stimme durch die Dunkelheit. »Da sein Bruder gleichzeitig den entgegengesetzten Zustand annimmt, egal wie weit er entfernt ist, kann ich mithilfe meines Gefangenen jemandem ein Signal geben.«

Miri schnappte hörbar nach Luft. »Ja, aber ... die beiden Photonen sind doch wahnsinnig weit voneinander entfernt – wie verständigen sie sich denn? Das Photon muss seinem Bruder ja irgendwie mitteilen, welchen Zustand er einnehmen soll! Wie soll das über Millionen Kilometer gehen, und auch noch sofort? Ich denke, nichts ist schneller als das Licht!«

»Sie teilen sich nichts mit. Sie sind nur immer noch eng verbunden, egal wie weit sie entfernt sind.« Andy zuckte die Schultern. »Im Grunde weiß man nur, dass das Experiment funktioniert, aber nicht ganz genau, warum. Das ist eben Quantenphysik – rätselhaft bis zum Schluss. Übrigens wird das Ganze ›EPR-Experiment‹ genannt, nach Einstein Podolsky Rosen – den Leuten, die es sich ausgedacht haben.«

Mit einem kurzen Befehl schaltete Andy das Deckenlicht wieder ein. Das Photon war »programmiert«, das Signal gegeben. »Bisher erklärt man es sich so, dass Raum und Zeit für Photonen nicht das Geringste bedeuten. Es ist egal, dass ich den Bruder meines winzigen Gefangenen schon vor Wochen losgeschickt habe. Denn da ein Photon sich ja mit Lichtgeschwindigkeit bewegt, steht die Zeit für es praktisch still.«

Den aufgeklappten, leeren Spiegelwürfel legte er sorgfältig beiseite. Jan betrachtete ihn neugierig. Wahrscheinlich würde er später einmal wieder ein Photon, ein Teil eines Paares, beherbergen. Ob man solche Verschlüsselungstechniken wohl auch daheim im 21. Jahrhundert benutzen konnte? Er ließ seine Datenbrille anspringen.

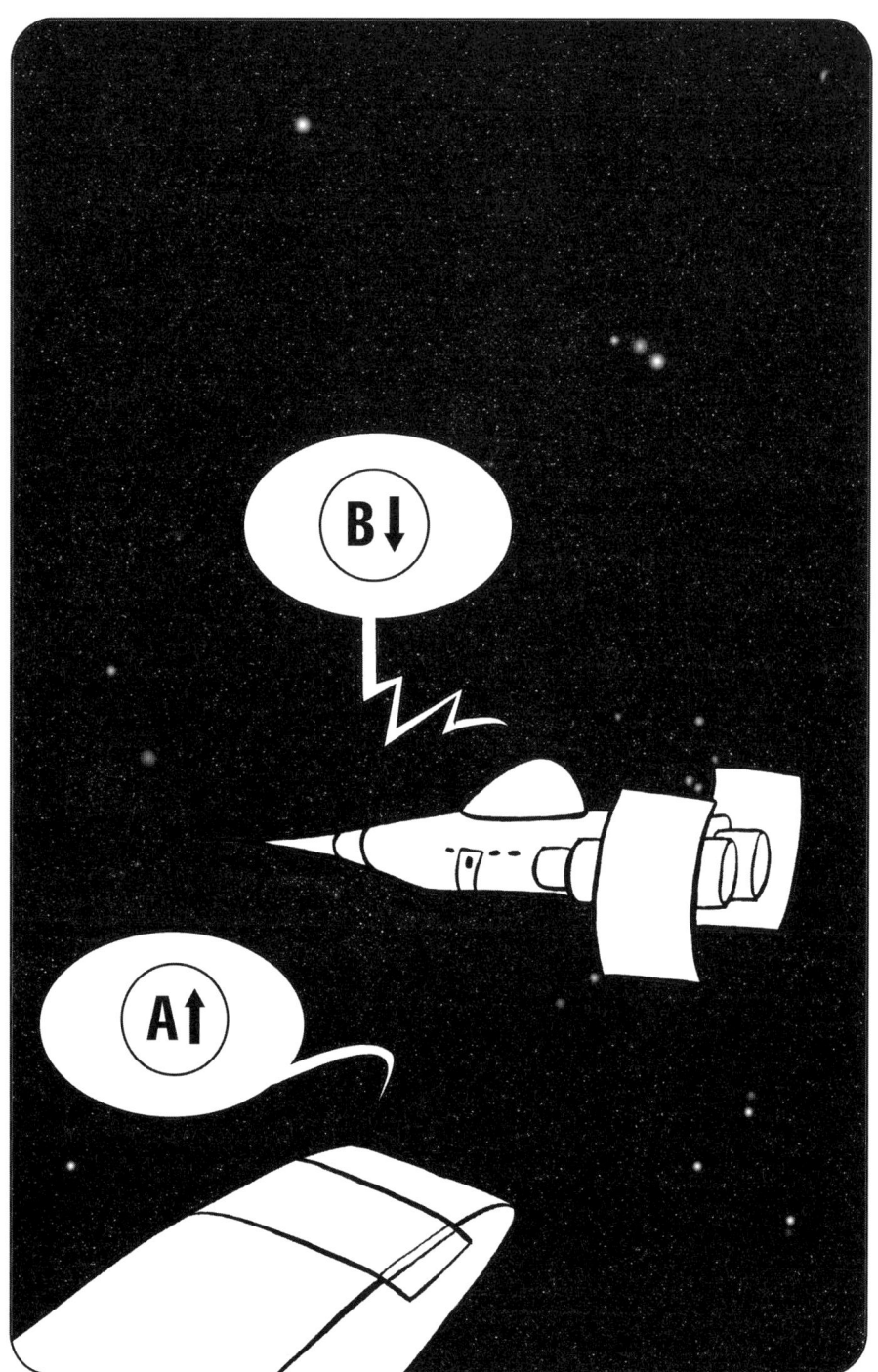

Quantenkryptografie nennt man Verschlüsselungstechniken, die im 21. Jahrhundert auf der Basis der Quantenmechanik entwickelt werden. Sie beruhen darauf, dass zwischen Sender und Empfänger Licht ausgetauscht wird, das in eine ganz bestimmte Richtung schwingt (polarisiert ist). Nur wenn der Empfänger vorher erfahren hat, in welche, kann er die Nachricht entschlüsseln. Abhören ist unmöglich: Dadurch, dass die Beobachtung unweigerlich das Ergebnis verändert, würde der Empfänger sofort an der Veränderung des Lichtstrahls merken, dass sich jemand in die Nachricht »eingeklinkt« hat.

Ein paar Stunden später waren sie mit der *Magellanus* beim Treffpunkt, einem Ort auf der anderen Seite des Doppelstern-Systems Alpha Centauri. Neugierig spähten Jan und Miri aus den Luken und begutachteten ihre neue Heimat. Wow, was für ein Schrott!, dachte Jan. Das flunderförmige Schiff da draußen sah aus, als würde es garantiert nicht mehr durch den nächsten TÜV kommen. Aber wahrscheinlich gab es so was im Weltraum nicht.

»Wer ist denn diese alte Freundin, diese Santii?«, fragte Miri und wurde wieder mal rot. Jan fragte sich, was mit ihr los war in letzter Zeit.

Doch Andy hatte keine Zeit zu antworten, er musste sich um das komplizierte Andockmanöver kümmern. Kurze Zeit später hatte sich die Frage auch schon erledigt. Sie folgten Andy ins andere Schiff hinüber und sahen neugierig zu, wie er und eine schlanke schwarzhaarige Frau einander herzlich umarmten. Leise unterhielten sie sich einen Moment lang, wahrscheinlich schilderte Andy ihr das Problem mit den Behörden. Dann lächelte er Jan und Miri an: »Also dann, Scouts. Bis gleich.«

Als die Frau sich umwandte und Jan und Miri mit unergründlichem Blick musterte, bemerkte Jan, dass sie merkwürdig gezackte Augenbrauen hatte und den Stern eines Kommandanten am Ärmel ihres knappen Tops trug.

»Los, kommt«, sagte sie. »Niemand darf unsere Schiffe zusammen sehen – sonst habe ich die Neggs auch noch am Hals. Und das wär ganz schön minus.«

Zögernd folgten sie Santii ins Innere des fremden Schiffs. Ungläubig stellte Jan fest, dass es in den Gängen nach Sandelholz und grünem Tee roch. Eine Katze mit orangerotem Fell blickte ihnen mit gelassener Neugier entgegen. »Das ist Schrödinger«, sagte Santii.

Jan musste grinsen. »Die halbtote Katze?«

»Ah, Andy hat euch was über Quantenphysik erzählt«, sagte die Kommandantin trocken. »Hat's euch schon die Gehirnwindungen zum Kochen gebracht?«

»Na ja, wir haben schon so viel gesehen und erlebt, dass mich eigentlich nichts mehr wundert«, gestand Miri. »Wo fliegt Andy jetzt hin?«

»Wieder in die Nähe von Alpuri. Dort werden sie ihn wohl bald abfangen. Hoffentlich haben die Kerle nicht mitbekommen, dass ihr zu mir übergewechselt seid.«

Santiis Cockpit sah aus wie ein japanisches Teehaus. Oder zumindest so, wie Jan sich ein japanisches Teehaus vorstellte – komplett mit Tatami-Matten, niedrigem Tischchen, Kissen und kleinen Tässchen. Schnell fand Jan heraus, dass die Kalligrafie-Bilder an den Wänden getarnte Bildschirme waren, die Tassen mit Magnetkraft am Tisch klebten und das Tischchen bombenfest am Boden haftete. Selbst wenn hier auf einen Schlag Schwerelosigkeit eintrat, würde höchstens der Tee durch die Gegend driften.

»Gar nicht schlecht, was?«, sagte Santii und lächelte zum ersten Mal. Dann seufzte sie. »Zumindest nicht für einen alten Frachter, der sich jedes Mal ein Stückchen weiter auflöst, wenn ich über 15 G beschleunige. Sagt mal, seid ihr wirklich aus der Vergangenheit?«

Miri nickte und wollte von ihrer Welt erzählen, doch Santii hob warnend die Hand. »Ist besser, wenn ich nicht zu viel drüber weiß. Andy ist klar, worauf er sich einlässt, aber ich habe keine Lust auf mehr Ärger, als ich sowieso schon habe.«

»Kennst du Andy schon lange?«, fragte Miri neugierig.

»Ach, schon ewig. Oder zumindest seit 15 Alpuri-Jahren. Wir hatten den gleichen Lebensstil-Berater.«

Neugierig blickte Miri die Kommandantin an. Wahrscheinlich überlegt sie, ob die beiden mal zusammen waren, dachte Jan und grinste. Was wohl ein Lebensstil-Berater war? Doch bevor er die Datenbrille aktivieren konnte, lenkte ihn Miris Frage ab. »Wer ist er überhaupt? Ich meine, er erzählt wenig über sich.«

Santii lächelte. »Ich weiß. Okay. Er wird mich nicht ohne Raumanzug von Bord befördern, wenn ich euch ein bisschen was verrate.« Sie nippte an ihrem Tee. »Andy ist staatenlos, deshalb lebt er auch auf Alpuri und nicht auf einem Planeten. Er ist in einem Raumschiff geboren worden. Deshalb fühlt er sich eigentlich nirgendwo daheim und lebt mal hier, mal dort. Seine Eltern waren Kabarettisten und Musiker und haben auf Raumstationen und Planetenstützpunkten für Unterhaltung gesorgt.«

116

»Das ist ja witzig!« Jan war begeistert.

»Na ja. Sie hatten nicht gerade viel Verständnis dafür, dass er Wissenschaftler werden wollte. ›Junge, in einer so hoch technisierten Welt kannst du doch nicht in die Wissenschaft gehen, mach lieber was für Geist und Seele!‹«, äffte Santii nach. »Und dann sind sie während einer Tournee in ein Schwarzes Loch gefallen. Andy war gerade mal 14. Er ließ sich vorzeitig für volljährig erklären und ging auf die Astronautenschule.«

»Toll.« Miri war beeindruckt.

»In der UGA-Flotte hat er sich dann mühsam hochgearbeitet«, fuhr Santii fort. »Es ist nicht leicht voranzukommen, wenn man keine einflussreichen Freunde hat. Aber er wird's schaffen, er ist einfach ein prima Kerl.«

»Ist er«, sagte Miri mit einem eigenartigen Ton in der Stimme.

Sie tranken Tee und unterhielten sich noch ein wenig über Katzen, Japan und das Raumfrachtgeschäft, bis Santii plötzlich meinte: »Lasst uns mal schauen, wie es Andy geht. Er hat mir gesagt, er würde seine Bordkameras einschalten.«

Auf einen kurzen Befehl hin erschien auf den Bildschirmen eine Innen- und Außenansicht der *Magellanus.* »Bingo, da sind sie!«, sagte Jan und deutete auf die beiden fremden Männer im Cockpit der *Magellanus* – ein beleibter Inspektor mit goldenen Abzeichen auf der Uniform und sein Assistent. Dann hielt Jan den Mund, weil er hören wollte, was dort gesagt wurde.

»Nur herein, schauen Sie sich um«, sagte Andy leutselig und lehnte sich entspannt in einem seiner Cockpitsessel zurück. »Energiedrink gefällig? Sie sehen ja so blass aus, Inspektor!«

»Das kommt daher, weil ich ständig in voll gemüllten Raumschiffen wie diesem hier herumstöbern muss und keine Zeit habe, mich unter die Sonnenbank zu legen«, knurrte der Inspektor und begann seinen Rundgang. »Hmpf«, sagte er beim Blick in Andys chaotische Kabine, »Widerlich!« beim Besuch in der Bordküche und »Wohl alles noch sehr experimentell!« im Maschinenraum. Doch Andy grinste nur breit.

Währenddessen steckte sein Assistent seine Nase in jeden Winkel, sogar ins Klo, und befingerte Gerda. Zum Dank bekam er einen elektrischen Schlag.

»Sie hätten sie nicht reizen sollen«, sagte Andy vorwurfsvoll. »Pflanzen reagieren sehr sensibel, wenn man sie schlecht behandelt.«

»Ich habe das verdammte Ding nicht schlecht behandelt!«, schrie der Assistent und rieb sich die Hand. Andy schüttelte seufzend den Kopf.

Der Inspektor tauchte mit anklagender Miene aus der Kabine der Zwillinge auf, einen kleinen Gegenstand in der Hand. »Zero, können Sie mir erklären, was das ist?«

»Oh, Scheiße, ich habe meine Armbanduhr an Bord vergessen!«, stöhnte Jan und hoffte, dass Andy schnell eine Ausrede einfiel.

Er enttäuschte sie nicht. Nur kurz sah er verdattert drein, dann grinste er schon wieder. »Das? Hat mir der Sculptor hergestellt. Ist mein Hobby, solche alten Dinge wiederzubeleben.«

»Ach ja?«

»Ja!«

Sosehr sie es sich offensichtlich wünschten, sie konnten dem widerspenstigen Captain nichts anhängen. Mit mürrischem Gesichtsausdruck ging der Inspektor schließlich von Bord. Eine Minute später sahen sie, wie das kleine Zollboot ablegte und Kurs auf Alpuri nahm. Jan und Miri jubelten.

»Lasst uns noch ein Stündchen warten, dann könnt ihr wieder zurück«, sagte Santii. »Sehen wir uns mal im Café Andromeda?«

»Andy hat uns noch nie mitgenommen«, beklagte sich Miri.

»Das ist ja grosch. Ihr müsst ihn nur genug bearbeiten. Lasst euch das Café bloß nicht entgehen.«

Der Eisplanet

Supraleitung, Quantencomputer und Vielweltentheorie

Und dann war es endlich so weit. Sie waren an ihrem eigentlichen Ziel angelangt, dem sie nun schon so lange entgegenfieberten. Die *Magellanus* tauchte aus dem Tunnel auf – und mit einem Schlag füllte die Oberfläche des Eisplaneten ihr ganzes Sichtfeld aus. Es war ein Anblick, der ihnen allen den Mund offen stehen ließ. Weite Flächen in einem zarten Grünblau. Eine Landschaft, die im Licht glitzerte wie von Edelsteinen übersät. Und darüber der schwarze Samt des Alls.

»Sieht toll aus«, flüsterte Miri. »Und wir sind tatsächlich die ersten Menschen, die das sehen?«

»Sind wir. Das hat Zing, was? Gehen wir mal tiefer.« Andy wies Pi an, in einen niedrigeren Orbit zu gehen, und spähte dann durchs Bordteleskop. »Da! Da sind sie wieder, diese seltsamen Strukturen. Sie sind mir auf diesem Foto der Sonde gleich aufgefallen.«

Als Jan durchs Teleskop schauen durfte, erkannte er im Eis viele dünne parallele Linien. »Hm. Vielleicht Furchen?«

Miri tippte sich an den Kopf. »Quatsch – Schneepflüge gibt's hier nicht. Und sagt mal, was könnten denn diese dunklen Punkte sein? Sie verteilen sich überall über die Oberfläche ...«

»Gib mal her«, sagte Jan und schnappte sich das Teleskop. »Tja ...«

»Das sieht alles völlig künstlich aus!«, freute sich Andy. »Und, gebt ihr mir Recht, dass das Überbleibsel einer alten Zivilisation sein müssen?«

»Ich würde vorschlagen, dass wir mal runterfliegen. Kann man auf der Oberfläche landen?«

»Hm, schon. Das Eis wird ziemlich dick sein. Meinen Messungen nach müsste es da unten fast so kalt sein wie im Weltraum, also etwa minus 273 Grad. Der absolute Nullpunkt.«

Gesagt, getan. Kurz darauf fegten sie mit der *Magellanus* tief über die Oberfläche des Eisplaneten hinweg, quer zu den eigenartigen Linien. Doch Andy fluchte. »Die Steuerung lässt sich kaum bedienen. Pi, was ist da los? Irgendetwas lenkt uns ständig vom Kurs ab.«

»Ich kann das nicht feststellen!«, meldete Pi, sie klang verwirrt. »Unsere Kompasse benehmen sich, als hätten sie ein paar Loxys zu viel geschluckt. Ein Großteil unserer Messinstrumente auch!«

»Außerdem verlieren wir an Höhe!« Alarmiert deutete Jan auf die Anzeigen im Cockpit.

»Gigashit!« Andy kämpfte mit der Steuerung. »Es kommt mir vor, als würden wir durch einen Orkan fliegen – aber hier gibt's ja noch nicht mal Luft!«

»Versuch doch mal, parallel zu den Linien zu fliegen, vielleicht geht das leichter«, schlug Miri vor, und Andy folgte ihrem Vorschlag.

Doch das war ein Fehler. Es machte »zonk«, und das Raumschiff saß fest. Als würde es von unsichtbaren Gummiseilen auf der Stelle gehalten. Andy traten fast die Augen aus den Höhlen. »Ich glaub's nicht! Wir hängen in 100 Meter Höhe einfach über Grund. Eigentlich könnte ich das Triebwerk abschalten. Wir bewegen uns sowieso nicht.«

»Da! Da draußen!«, brüllte Jan. Andy und Miri stürzten zu den Luken. Was sie sahen, war gespenstisch. Sie waren nicht die Einzigen, die festsaßen. Über der Oberfläche des Planeten hingen alle möglichen Gegenstände bewegungslos im Raum – von überdimensionalen, schimmernden Nadeln bis hin zu Klumpen, die Meteoriten sein konnten. Auch ein paar Bruchstücke, die von einem Schiff stammen mochten, sahen sie. Und weiter hinten – da hing tatsächlich ein Raumkreuzer! Gespenstisch still und dunkel schwebte er über dem Planeten. Tot, dachte Jan. Ein Geisterschiff. Ihm war kalt, obwohl eines der Displays anzeigte, dass an Bord der *Magellanus* immer noch exakt 20 Grad herrschten.

»Bitte analysieren«, bat Andy mit angespannter Stimme. Sie waren nicht überrascht, als Pi nach kurzer Zeit meldete, dass die Objekte alle aus Metall bestanden oder zumindest Metall enthielten.

»Sieht so aus, als wären wir in einem überdimensionalen Magneten gefangen«, sagte Andy schließlich. »Ich habe auch schon einen Verdacht, wie das kommen kann. Diese Linien da unten sind wahrscheinlich Metallbahnen. Viele Metalle werden, wenn man sie auf extrem tiefe Temperaturen kühlt, supraleitend. Das ist übrigens auch ein Quanteneffekt.«

»Erklär's uns ruhig, ich glaube, wir haben Zeit genug!«

Andy seufzte. »Normalerweise ist es so, dass Strom durch den Widerstand des Metalls in Sekundenschnelle in Wärme umgewandelt wird – man muss ständig Strom nachliefern, damit er fließt. Mit diesem Strom kann man zum Beispiel einen Elektromagneten speisen, weil elektrische Ladungen, die sich bewegen, ein Magnetfeld hervorrufen. Solange Strom fließt, ist das Feld da, wenn man den Strom abstellt, ist es weg.«

»Aber da unten lebt keiner mehr – da liefert keiner mehr Strom nach«, sagte Miri verzweifelt.

»Das liegt an dem Supraleiter. Schaltet man einmal den Strom in einem supraleitenden System an, dann strömt er ohne Widerstand durch das Metall, er fließt in alle Ewigkeit weiter. Und beschert dir dabei ein verdammt starkes Magnetfeld.«

Jan ließ seine Augen zum Auslöser der Datenbrille zucken.

Supraleitung. Es kostet jede Menge Energie, solche tiefen Temperaturen nahe dem absoluten Nullpunkt unter Laborbedingungen zu schaffen. Inzwischen kennt man jedoch Metalllegierungen, mit denen es schon bei etwas höheren Temperaturen geht. Doch auch solche »Hochtemperatur-Supraleiter« brauchen noch minus 196 Grad Celsius, eine Temperatur, bei der Luft flüssig ist.

Trotz des hohen Aufwands kann sich die Sache lohnen: Mit supraleitenden Magneten arbeiten zum Beispiel Magnetschwebebahnen wie der Transrapid oder Kernspintomografen, medizinische Geräte, die mithilfe von starken Magnetfeldern genaue Bilder vom Inneren des Körpers anfertigen können.

Miri war entsetzt. »Heißt das, wir schweben in 10 000 Jahren immer noch hier? Wahrscheinlich gibt's auf diesem Planeten überall Schiffe mit mumifizierten Leichen drin!«

»Kann schon sein«, sagte Andy und trommelte mit den Fingern auf eine Konsole. »Vielleicht haben ihn die Wesen, die früher hier gelebt haben, als eine Art Falle benutzt, um Metalle zu sammeln. Möglicherweise sind dort unten sogar noch Computer aktiv, die die Magnete steuern. Ist gar nicht so leicht, einen Schwebezustand hinzubekommen.«

»Moment mal.« Jan ließ sich durch Miri nicht ablenken. »Aber so ein Strom, der ewig fließt, wäre doch eine Art Perpetuum mobile, so was, was sich schon verdammt viele Erfinder erträumt haben! Eine Maschine, die sich, wenn man sie einmal anstößt, bis in alle Ewigkeit bewegt.«

»No-go. Ein Perpetuum mobile ist es nur, wenn du mehr Energie herausbekommst, als du hineinsteckst. Und auf der Erde ist Supraleitung kein Wunder, sondern einfach nur ziemlich viel Aufwand.« Konzentriert begann Andy Zahlen und Daten aus seinem Bordsystem abzurufen. Wahrscheinlich analysierte er das Magnetfeld, in dem sie steckten. Jan hatte noch einen ganzen Sack voll Fragen, aber es war klar, dass er den Captain jetzt nicht stören konnte.

»Jetzt will ich's aber doch wissen«, sagte Miri, die anscheinend ebenfalls ihre Datenbrille benutzt hatte. »Wie funktioniert das Ganze?«

Andy riss sich von seinem Terminal los. »Das war eine der schwersten Nüsse, die die Physik je zu knacken hatte. Man konnte es erst herausfinden, nachdem die Quantenmechanik erfunden war und man wusste, dass Elektronen eine Eigenschaft namens *Spin* haben.«

»Spin? Das heißt doch Drehung, oder? Drehen sich die Dinger um ihre eigene Achse?«

»Wenn man sie sich als Teilchen vorstellt, dann schon. Man hat den Begriff gewählt, weil es zwei mögliche Spins gibt und jeder weiß, dass man einen Kreisel entweder rechtsherum oder linksherum drehen kann. Das Bild mit der Drehung passt also.« Ein Signal in Richtung Bordcomputer, und auf Andys Handfläche erschien ein wirbelnder Kreisel aus Licht. Andy seufzte, und der Kreisel verschwand. »Na ja, unter solchen Bedingungen, wie sie auf dem Eisplaneten herrschen, bilden die freien Elektronen Paare, ›Cooper-Paare‹ nennt man sie. Normalerweise sind Elektronen ja ungesellig, weil sie negativ geladen sind und zwei negative Ladungen sich abstoßen. Aber die Wechselwirkung mit dem Gitter des Metalls ist stärker und zwingt sie, sich zusammenzufinden.«

Miri grinste. »So, wie man in der Tanzschule gezwungen werden kann, mit einem Typen zu tanzen, den man nicht leiden kann.«

»Davor hast du dich ja erfolgreich gedrückt«, bemerkte Jan. Miri war in der ganzen Klasse die Einzige gewesen, die nicht in den Tanzkurs gegangen war. Sie fand so etwas affig.

»Wie auch immer – weil die beiden Elektronen entgegengesetzten Spin haben, ist ihr Gesamt-Spin gleich null«, erklärte Andy weiter. Wahrscheinlich wusste er sowieso nicht, was eine Tanzschule war. »Damit unterliegen die frischgebackenen Paare nicht mehr dem Pauli-Prinzip, also dürfen alle Paare sich im gleichen Quantenzustand befinden. Legt man jetzt eine Spannung an das System an, behalten die Elektronenpaare ihre Geschwindigkeit für immer bei, da sie für alle Ewigkeit im gleichen ›Geschwindigkeitszustand‹ bleiben dürfen. Das wiederum bedeutet, dass der Strom ohne Widerstand fließt.«

Miri zog die Augenbrauen hoch. »Das ist, als wenn man alle Tanzpaare der

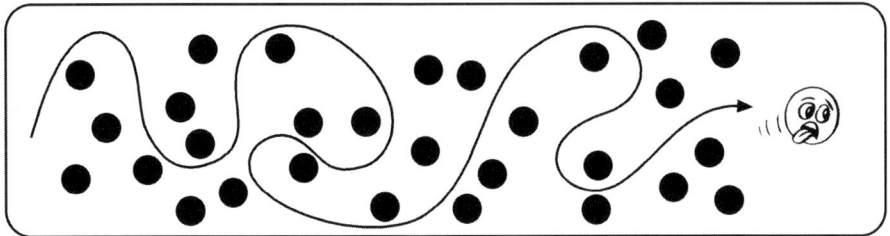

ganzen Schule in einen einzigen Saal pressen würde. Um dann festzustellen, dass ein wunderbarer Formationstanz herauskommt.«

»Aber das geht nur bei wahnsinnig tiefen Temperaturen, oder?«, erkundigte sich Jan nachdenklich. »Also müsste man den Supraleiter unter uns einfach nur erwärmen!«

Andy stutzte. »Hm, eigentlich hast du Recht, Scout.« Er dachte nach. Dann grinste er plötzlich wieder. »Pi, schwenk das Schiff so, dass das Heck nach unten zeigt. Dann bitte die chemischen Triebwerke auf vollen Schub.«

»Chemische Triebwerke?«

»Wir haben noch ein Notsystem, einen normalen Raketenantrieb für kleinere Strecken. Er wird von flüssigem Wasserstoff und Sauerstoff gespeist – von dem Zeug haben wir genug an Bord.«

Sekunden später donnerte ein Feuerstrahl auf die Oberfläche des Planeten zu, und die *Magellanus* zitterte unter der Wucht des Rückstoßes. Begeistert erkannte Jan, was Andy vorhatte. Er wollte tatsächlich versuchen, den Supraleiter ein bisschen aufzuheizen. Dann würde der Strom, der vielleicht schon viele Tausend Jahre dort unten kreise, einfach verschwinden – und der Magnet würde sie freigeben. Wenn es funktionierte!

Zehn bange Minuten mussten sie warten. Dann setzte sich das Schiff in Bewegung. Auf einen Schlag. Sie wurden in ihren Sitzen zurückgeworfen, und Jan kollerte schmerzhaft gegen die Wand. Aber er freute sich trotzdem. Sie hatten es geschafft!

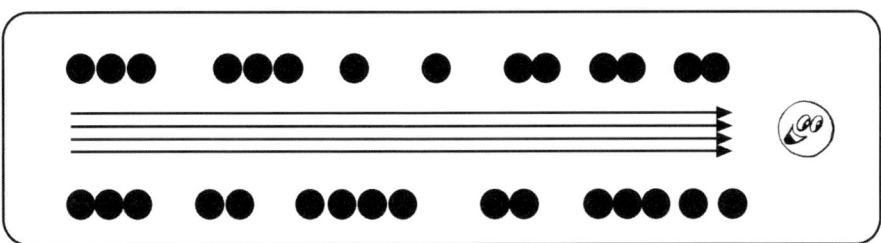

Bei dem Ruck war anscheinend die Bordelektronik durcheinander geschüttelt worden, denn plötzlich erschien auf sämtlichen Bildschirmen das gleiche Bild: eine Frau mit grünen Haaren und großen schwarzen Augen. Wunderschön war sie. Fasziniert starrten Jan und Miri sie an. Bis Andy dem Spuk mit einem Tastendruck ein Ende machte. »Gestörte Datenbank, so was kommt vor.« Er setzte ein heiteres Lächeln auf, das ziemlich gekünstelt aussah.

Als sie frei waren, dachte Andy gar nicht daran, heimzufliegen. Jetzt ging die wissenschaftliche Arbeit erst richtig los. Sie landeten auf dem inzwischen harmlosen Gebiet des ehemaligen Supraleiters, stiefelten herum, um Proben zu nehmen, und zeichneten Messwerte auf. Miri durfte filmen und fotografieren, was das Zeug hielt. Natürlich alles in 3D. Jan prägte sich ein, was er sah, um es später zeichnen zu können.

Alle Daten wurden in den Computer eingespeist. »Das sind ja enorme Mengen – schafft er das überhaupt?«, sagte Jan und dachte daran, wie lange sein Computer daheim herumrechnen musste, wenn er *SimCity* spielte und gleichzeitig noch ein Programm herunterladen wollte.

»Klar, das ist ein Quantencomputer«, meinte Andy. »So was gibt's in eurer Zeit noch nicht, aber man arbeitet schon fleißig daran.«

Jan ließ seine Datenbrille anspringen.

Quantencomputer verfügen über enorme Speichermöglichkeiten und sind dazu sehr schnell. Sie basieren darauf, dass laut Quantenmechanik ein System aus einzelnen Atomen verschiedene Zustände gleichzeitig einnehmen kann – wie Schrödingers Katze, die so lange sowohl tot als auch lebendig ist, bis jemand hinschaut. Ein klassischer Computer kann mit drei Bits, die entweder den Zustand Null oder Eins haben können, nur eine von acht möglichen Zahlenkombinationen speichern, zum Beispiel 011. Ein Quantencomputer, bei dem zum Beispiel mit einem Laser einzelne Atome angeregt werden, kann aber *gleichzeitig* acht Möglichkeiten speichern, die sich gegenseitig überlagern. Alle acht können auch gleichzeitig, also parallel, weiterverarbeitet werden, während der klassische Computer seine Aufgaben brav nacheinander abarbeitet.

Nach einem anstrengenden Arbeitstag ließen sie Andy alleine weiterwerkeln und zogen sich in ihre Gästekabine zurück. Miri setzte sich im Schneidersitz in ihren Kokon. »Puh, das war ganz schön gefährlich! Langsam frage ich mich, ob wir überhaupt wieder einmal zurückkommen. Richtig nach Hause, meine ich, nicht nur nach Alpuri.«

»Wieso nicht? Schließlich kommen wir nicht jeden Tag an Eisplaneten oder anderen gefährlichen Sachen vorbei.«

Doch Jan merkte, dass Miri kaum zuhörte. Nachdenklich sagte sie: »Andy war ganz schön seltsam heute, nachdem dieses Bild der grünhaarigen Frau auf dem Bildschirm war. Manchmal ist er richtig aufgeschreckt, wenn wir ihn angesprochen haben, hast du das gemerkt?«

»Vielleicht hatte es mit der Frau nichts zu tun. Wir hatten alle Schiss. Den Jitter, wie Andy sagen würde.«

Miri schüttelte energisch den Kopf. »Nein, das meine ich nicht, natürlich hatten wir vorhin alle Angst ... aber danach sah er ein bisschen traurig aus.«

Jan musste zugeben, dass seine Zwillingsschwester Recht hatte. »Eigentlich wissen wir ja nicht gerade viel über ihn. Nur das, was Santii erzählt hat.«

»Ich traue mich nicht richtig, ihn so was Persönliches zu fragen«, gab Miri zu.

»Weil er so ein toller Typ ist?« Jan grinste. »Immerhin sieht er ziemlich gut aus, ist ein Astronaut und so was ... genau der Typ, in den Mädchen sich wahrscheinlich sofort verlieben.«

Miri wurde rot bis unter die Haarwurzeln.

»O je – du *hast* dich in ihn verknallt!«, stöhnte Jan. Er hatte sich so etwas fast schon gedacht. Deshalb hatte sie am Anfang nach dem Schminkzeug gefragt!

»Das ist kein Grund für dich, hier rumzustöhnen und blöde Witze abzulassen, Jan Ellers«, schnappte Miri. »Ich mag ihn einfach.«

»Und, sagst du's ihm?«

»Spinnst du? Eher würde ich nackt auf diesem Eisplaneten sonnenbaden. Und jetzt habe ich keine Lust mehr, mich über das Thema zu unterhalten. Ich bin total müde und lege mich jetzt hin!«

Sie verschliefen den Rückflug. Andy weckte sie erst, als sie schon wieder fast daheim waren.

Durch die Luken des Cockpits sah Jan, dass sie sich der Raumstation näherten, dem inzwischen vertrauten rotierenden Ring im Weltall. Er ahnte nicht, dass das keine normale Heimkehr werden würde. Doch er merkte es schon bald.

»Pi, was ist mit unserem Funkgerät los? Ich bekomme keine Verbindung!«, beschwerte sich Andy.

»Das Funkgerät ist in Ordnung – die Station antwortet nicht, das ist das Problem«, sagte Pi aus dem Hintergrund.

»Ist ja komisch«, sagte Miri. »Vielleicht haben die gerade einen Feiertag oder so etwas.«

»Verdammt high deff«, knurrte der Captain.

Es schien ewig zu dauern, bis die *Magellanus* wieder an der Station Alpuri angedockt hatte und Pi meldete: »Manöver gelungen.«

Andy hatte es eilig herauszufinden, was auf der Station los war. So eilig, dass er nur abwesend nickte, als Jan und Miri fragten, ob sie mitkommen durften. Als Andy zur Schleuse stürmte, folgten sie ihm auf den Fersen. Ein paar Minuten später standen sie in den Gängen von Alpuri. Und waren allein. Kein Mensch war zu sehen.

»Wo sind die denn alle?«, fragte Jan verunsichert. »Wir hätten doch schon längst ein paar Leute treffen müssen!«

Miri flüsterte unwillkürlich. »Vielleicht gab es hier eine Katastrophe oder so etwas ...«

»Ich scan das nicht«, stöhnte der Captain. »Was zum hüpfenden Neutrino kann hier passiert sein?«

In diesem Moment kam ein kleiner blaugrauer Außerirdischer um die Ecke gebogen und stieß ein begeistertes Schnalzen aus, als er sie sah. Sie schraken alle drei zusammen.

»Entweder hier läuft ein Kostümball oder das ist wirklich ein Außerirdischer.« Beklommen wich Miri zurück. »Sind die gefährlich?«

»Das ist ein Eri – und gefährlich ist nur, dass er sich freut, dich zu sehen«, beruhigte sie Jan. »Vielleicht kann er uns sagen, was hier passiert ist.«

Andy zuckte zweifelnd die Schultern. »Na ja, sie sind nicht wirklich intelligent ... aber einen Versuch ist es wert.«

Langsam und geduldig stellten sie dem kleinen Außerirdischen Fragen, während er sie zutraulich mit seinen Saugnäpfen betastete. Andy übersetzte über den Chip in seinem Gehirn, was der Eri mit seinen Fühlerbewegungen ausplauderte. »Einer der Unsrigen hat sich fortgepflanzt, obwohl es nicht erlaubt ist ... vor 10 000 Umdrehungen ... andere haben es nachgetan ... viele sind wir nun, viele ...« Andy seufzte. »O je ...«

Inzwischen fanden sich weitere Eris ein: zwei, drei, fünf auf einmal. Bevor sie sichs versahen, waren sie umringt.

»Hm, sie sind ja ganz niedlich, aber langsam wird's hier ein bisschen voll«, sagte Miri.

Die Menge um sie herum wurde immer größer. Jan kam sich vor wie ein Popstar inmitten von aufdringlichen Groupies, die ihn abknutschen wollten. Er

konnte verstehen, warum Stars das nicht unbedingt toll fanden. So langsam wünschte er, es gäbe einen Hinterausgang, durch den er mithilfe seiner Bodyguards fliehen könnte.

»Gigashit, ich glaube, die Eris haben die Station übernommen!« Andy musste rufen, um die Schnalzlaute der Eris zu übertönen. Ungeduldig schob er die Tentakeln weg, die nach ihm griffen. »Irgendwann wurden es wahrscheinlich so viele, dass die Menschen freiwillig ausgezogen sind. Und alles nur, weil ein Eri den Anfang gemacht und auf das Fortpflanzungsverbot gepfiffen hat!«

»Aber wir waren doch gar nicht lange weg«, mischte sich Miri ein. Sie verpasste einem Eri, das an ihr hochzuklettern versuchte, einen Klaps. Beleidigt verzog sich der kleine Außerirdische. Aber es waren immer noch genügend übrig. Hunderte. Tausende. »Ganz bestimmt hat die Station nicht so viele Umdrehungen gemacht, während wir unterwegs waren ...«

»Ich glaube, ich weiß, was passiert ist«, rief Andy. »Aber jetzt erst mal weg hier – solange wir es noch schaffen!«

Er half Miri, zwei, drei besonders hartnäckige Eris abzuschütteln. Mit einem ploppenden Geräusch lösten sich zwei Dutzend Saugnäpfe von ihrem Overall. Jan kämpfte sich ebenfalls frei. Sie drängten sich durch die Schar der Eris zurück zur Luftschleuse. Es war mühsam, sie kamen nur langsam voran.

»Ich komme mir vor wie ein Eisbrecher«, keuchte Jan.

»... der sich einen Weg durch eine Bucht voller Gummibärchen bahnen muss!«, stöhnte Miri.

Andy knallte die Hand auf den Schleusenknopf, und sie purzelten in die Luftschleuse, die zur *Magellanus* führte. Ein Eri war mit ihnen hineingelangt; der Captain packte ihn und beförderte ihn unsanft in die Station zurück. Dann taumelten sie in ihr Schiff und ließen sich in die Sessel des Cockpits fallen.

»Ich glaube, wir sind in ein Paralleluniversum geraten«, sagte Andy, als sie wieder etwas zu Atem gekommen waren. »Du hast Recht, Miri. In so kurzer Zeit hätten selbst diese kleinen blauen Nervlinge es nicht geschafft, die Station zu füllen.«

»Was sind denn Paralleluniversen?« Jan blickte Andy skeptisch an. »Und was mich noch viel mehr interessiert: Wie kommen wir wieder aus diesem hier raus?«

»Ich muss gestehen, dass ich bisher nicht so recht an die Vielweltentheorie von Everett geglaubt habe«, gestand Andy. »Aber sie scheint zu stimmen. Sie ist eine Interpretation der Quantentheorie und besagt, dass jedes Mal, wenn zwei unterschiedliche Möglichkeiten bestehen und die eine eintritt, in einem

anderen Universum die andere eintritt.« Er ließ Pi ein Display aktivieren und zeichnete mit dem Finger einen primitiven Baum, dessen Zweige in immer kleinere Zweiglein ausliefen. »Unsere Wirklichkeit ist nicht die Einzige – denn natürlich gibt's ganz oft viele verschiedene Möglichkeiten, an denen sich die Wege trennen. Diese vielen, vielen Paralleluniversen existieren gleichzeitig mit unserem und entwickeln sich unabhängig davon weiter. Tja, anscheinend sind wir durch einen missglückten Tunnel-Flug in ein Universum geraten, in dem ein Eri sich auf Alpuri fortgepflanzt hat.« Andy seufzte. »Das war Pech. Es hätte aber auch ein Universum sein können, das nur ein kleines bisschen anders ist, in dem zum Beispiel ein Monitor an einem anderen Platz steht. Dann hätten wir wahrscheinlich nie bemerkt, was passiert ist.«

»Ach du Scheiße«, sagte Miri. »Was machen wir jetzt?«

»Nochmal zurückfliegen zum Eisplaneten – und dann gleich wieder in Richtung Alpuri starten. Vielleicht haben wir ja Glück und kommen zurück in die Wirklichkeit, die wir kennen.«

In angespanntem Schweigen starteten sie von der Raumstation. Doch die Vielweltentheorie ließ Jan keine Ruhe. »Sag mal, Andy, gibt es dann vielleicht Hunderttausende von Jans, die alle ein anderes Leben gehabt haben oder noch haben werden? Vielleicht bin ich in einem anderen Universum schon vom Auto überfahren worden oder ein kleines Genie in Physik ...«

»Yep, das ist alles möglich.« Ernst sah Andy ihn an. »Man trifft ja immer wieder kleine Entscheidungen, die dann das ganze Leben in eine andere Richtung lenken.«

Miri grinste. »Unsere Eltern hatten mal vor, nach Kanada auszuwandern. Sie haben es aber dann doch im letzten Moment gelassen. Vielleicht haben sie es in einem anderen Universum doch nach Edmonton geschafft. Dann können wir in diesem Universum nur Englisch und haben Freunde, die Jenny, John und Bob heißen.«

Vom Eisplaneten sahen sie diesmal nicht viel, weil Pi sie innerhalb von Sekunden wieder durch den Tunnel katapultierte. Dann flogen sie ein zweites Mal auf die Station zu. Angespannt warteten sie auf die Stimme des Lotsen. »Willkommen, *Magellanus*«, tönte es aus den Lautsprechern. »Sie haben die Freigabe zur Landung in Ring A, Sektor 5.«

»Ring A, Sektor 5. Thanks«, bestätigte Andy und ließ sich aufseufzend in seinen Sessel zurücksinken. »Sieht aus, als hätten wir's geschafft!«

Doch Jan war nachdenklich geworden. »Aber woher wissen wir, dass das nicht auch ein Paralleluniversum ist? In dem irgendeine Kleinigkeit anders ist?«

»Wir werden es wahrscheinlich nie erfahren«, sagte Andy trocken. »Außer wir sind in einer Welt gelandet, in der die Preise der Drinks verdoppelt worden sind. *Das* würde ich ziemlich schnell merken.«

Teil III

In den Tiefen des Alls

Die Entstehung des Universums

Im Café Andromeda

Das Universum ist ein seltsamer und wunderbarer Ort

Die Erwähnung von Drinks schien Andy auf angenehme Gedanken gebracht zu haben. »Hey, ich freue mich schon darauf, meinen Kumpels im Café Andromeda zu erzählen, was wir auf dem Eisplaneten und dem Parallel-Alpuri erlebt haben. Die Story wird ihnen gefallen!«

»Immer erzählst du uns von diesem Café, aber du denkst gar nicht daran, uns dorthin mitzunehmen«, beschwerte sich Miri.

»Genau«, schlug Jan in die gleiche Kerbe. »Wieso dürfen wir nicht endlich mal mit?«

»Beim hüpfenden Neutrino, meint ihr das ernst?« Andy blickte schockiert drein. »Es wird ... äh ... ein bisschen ungewohnt für euch sein, und ein paar schreckliche Lebensformen gibt's da auch ... und frizzy Drinks, die hauen einen wirklich um .... nein, das ist nichts für euch, eure Eltern schlachten mich, wenn ich euch dorthin mitnehme.«

»Erstens«, sagte Miri honigsüß, »kennen unsere Eltern dich nicht, und wahrscheinlich wird das auch so bleiben. Und wenn unsere Eltern Grund hätten, dich zu schlachten, dann wegen dieser Sache mit dem Eisplaneten. Wir waren immerhin in Lebensgefahr. Richtiger, echter Lebensgefahr!«

»Ähm, das stimmt«, sagte Andy und runzelte die Stirn. »Immerhin waren wir Magnetfeldern von, Moment mal, 30 Tesla Stärke ausgesetzt, und unsere durchschnittliche Verweildauer ...«

»Du lenkst ab.« Miri blickte vorwurfsvoll drein. »Also, was ist? Du könntest uns doch einfach als deine Lehrlinge ausgeben.«

Jan grinste. Auf seine Schwester war wirklich Verlass. Er spürte, dass sie den Captain schon fast weichgekocht hatten. »Genau«, schob er nach. »Das hat doch auch prima funktioniert, als wir auf Alpuri waren.«

»Na gut«, sagte Andy und seufzte.

Eine Stunde später standen sie in ihren silbernen Overalls und ausgerüstet mit ihren Datenbrillen neben Andy vor einer harmlos aussehenden Tür im Deck F von Alpuri, auf der in blauen Leuchtbuchstaben *Zum Café Andromeda* blinkte. Es stellte sich als Luftschleuse heraus. Gespannt warteten sie darauf, dass sich die zweite Tür öffnete.

»Bisher sieht's ja nicht nach viel aus ...«, sagte Miri. Sie bückte sich und hob einen kleinen grün-schwarzen Gegenstand auf. »He, schaut mal, ich habe einen Stein gefunden. Hübsch.«

»Hm, könnte von Alpha Cygni sein, aus dem Sternbild Schwan.« Andy drehte den Stein interessiert in der Hand. »Muss irgendein Besucher des Cafés verloren haben. Behalt ihn einf...«

In diesem Moment ging die äußere Tür der Schleuse auf – und sie schienen im freien Weltraum zu schweben. Jan stieß einen Schrei aus, er erwartete fast, dass ihm das Vakuum die Luft aus den Lungen saugen würde. Doch nichts dergleichen geschah.

»Ein Glastunnel«, erklärte Andy mit einem ganz leichten Quäntchen Schadenfreude. »Und da oben schräg über uns, seht ihr das? Das ist das Café. Es besteht aus einer Glaskugel, die genau in der Mitte der Station schwebt und nicht mitrotiert. »Das heißt, man ist dort oben komplett schwerelos.«

Jan legte den Kopf in den Nacken und schaute hoch. »Wow! Ich glaub's nicht!«

Da man eine luftgefüllte Glasglocke vor dem Hintergrund des Sternenhimmels natürlich nicht erkennen konnte, sah es so aus, als würden die Gäste sich zehn Meter über ihnen im freien All treffen. Sie schwirrten vor der Kulisse der Sternbilder herum wie Fische in einem unsichtbaren Aquarium, beleuchtet von der fetten bunten Neonschrift *Café Andromeda*. Und was für Gäste das waren! Jan konnte selbst aus der Entfernung einige sehr leicht bekleidete Frauen, Astronauten in schillernd-bunter Freizeitkleidung und ein paar eigenartige Wesen erkennen, die ganz bestimmt nicht von der Erde stammten.

Es gab ein großes Hallo, als sie im Café einschwebten, anscheinend kannte jeder hier den Captain. »He, wen hast du denn da mitgebracht?!«, brüllte ein fetter, rothaariger Mann in einem schmierigen Overall. »Sind die denn schon flugtauglich?«

Andy ließ sich nicht aus der Ruhe bringen. »Jaromir, ich warne dich – mach nicht den Fehler, meine Flugschüler zu beleidigen!«

»Wie war's auf dem Eisplaneten? Jemand hat mir erzählt, dass ihr beinahe als Tiefkühlkost geendet hättet«, meinte Santii, die Kommandantin mit den seltsam gezackten Augenbrauen, und lächelte ihnen zu. Jan bekam Andys Antwort nicht mit. Er war zu beschäftigt damit, sich in die richtige Position zu manövrieren. Es fühlte sich aufregend an, schwerelos zu sein. Aber es war höllisch schwer, sich dorthin zu bewegen, wo man hinwollte. Wenn man keinen Handgriff oder so etwas fand, war man aufgeschmissen. Jan driftete gegen eine gallertartig-wabbelige Display-Kugel, die mitten im Raum hing und zehn verschiedene *galaxy.wide.web*-Sendungen zeigte. Verlegen versuchte er wieder von ihr wegzuschweben, bevor er sie kaputtmachte.

»Sag mal, gibt es irgendeinen Trick dabei?«, stöhnte Jan, doch Miri zappelte genauso hilflos in der Luft herum. Plötzlich stand sie Kopf, ihre Füsse ragten nach oben. Sie schien sich so richtig wohl zu fühlen. »Du siehst ja lustig aus«, sagte sie. »Bist verkehrt herum!«

»Irrtum, *du* bist verkehrt rum!«

»Hier gibt's kein Oben und Unten – wir sind schwerelos, verdammter Quark«, sagte Andy und gab Jan einen Stups, sodass er sanft in Richtung Bar davonschwebte. »Bestell mir bitte einen White Dwarf. Lass die Creds einfach von meinem Guthaben abbuchen.«

»Weißer Zwerg?«, übersetzte Jan und guckte in die linke Ecke seiner Brille. Doch über Drinks gab sie offensichtlich keine Auskunft. Sie spuckte lediglich aus:

Weißer Zwerg. Wenn ein Stern seinen gesamten Vorrat an Wasserstoff verbraucht hat, beginnt er zu schrumpfen. Wie weit, das hängt von seiner Masse ab. Ist diese kleiner als 1,4 Sonnenmassen, dann bildet sich ein »Weißer Zwerg«, der nur noch schwach leuchtet und langsam zu einem »Schwarzen Zwerg« abkühlt. Auch unserer Sonne steht das sehr wahrscheinlich bevor – aber erst in etwa vier Milliarden Jahren.

»Okay, okay, das war nicht ganz, was ich wissen wollte«, sagte Jan – und stockte, als er die Bar und vor allem den Barkeeper bemerkte. War das wirklich eine Krake? Es war eine. Langsam zählte Jan ihre Arme und musste dann noch einmal von vorne anfangen, weil sie nicht still hielten. Sie ringelten sich hierhin und dorthin und servierten ein halbes Dutzend Drinks auf einmal.

Sachte prallte Jan an der Bar ab und wäre beinahe wieder weggedriftet, wenn er sich nicht am Tresen festgehalten hätte.

»Kann ich dir helfen, Kleiner?«, sagte das Wesen mit einer schmatzigen Stimme, die irgendwo aus der Richtung seiner Körpermitte zu dringen schien.

»Ich hätte gerne einen White Dwarf«, sagte Jan. Einen Moment lang beschäftigte er sich mit der Frage, ob man eine gefährlich aussehende Krake duzte oder siezte. Er entschied sich, auf Nummer sicher zu gehen. »Dann bitte noch zwei Drinks, die Sie mir empfehlen können. Und Andy Zero sagt, Sie sollen alles von seinem Guthaben abbuchen.«

»Guthaben? Guthaben! Sag deinem Captain, er sollte seine Schulden bei mir schleunigst bezahlen. Diesmal ist das letzte Mal!« Blitzschnell mixte der Barkeeper etwas zusammen, presste es in drei durchsichtige Kugeln, aus denen Strohhalme ragten. Dann klebte er auf das Ganze ein paar wahrscheinlich essbare Dekorationselemente. Klar, dachte Jan. In Schwerelosigkeit kann man anders nichts trinken, aus einem Glas würde das Zeug sofort heraussuppen.

Zwei der Drinks, die ihm mithilfe von Saugnäpfen entgegengehalten wurden, glühten in hellem Orange. Langsam wechselten die Arme der Krake ebenfalls die Farbe, bis sie im gleichen Ton erstrahlten.

»Toller Trick«, sagte Jan. »Wie geht das?«

»Mimikri«, sagte die Krake und seufzte. Es war kein besonders appetitliches Geräusch. »Ich kann nicht anders. Leider. Wozu braucht man auf Alpuri schon einen Schutz vor Raubtieren?! Ich bin nur froh, dass ich lange keinen Supernova mehr mixen musste. Das ist richtig unangenehm.«

Jan nahm die Drinks fest in die Hände und stieß sich mit einem Fuß vom Tresen ab. So langsam gewöhnte er sich an das Herumschweben. In letzter Sekunde wich er einem alten Mann aus, der zusammengesunken neben der Bar in der Luft hing und vor sich hin murmelte: »Oh Gott, es ist hohl und voller Sterne ...« Ein paar Sekunden später bremste Jan unfreiwillig ab, indem er gegen Andy prallte. Doch der schimpfte nicht, sondern lachte nur. »Na, hat Wohololu dir Kredit gegeben? Ihm gehört übrigens das Café.«

Miri unterhielt sich schon fröhlich mit den beiden Astronauten. »Jaromir ist Bordingenieur«, stellte sie ihm den Rothaarigen vor.

Jan konnte sich nicht recht auf das konzentrieren, was sie sagten. Links über ihm wirbelte gerade ein Zwerg, fünf Getränkekugeln unter dem Arm, in einer Serie von Salti durch das Café und federte gekonnt auf der gläsernen Außenwand ab. Rechts von ihm eilte ein froschartiges Wesen mit den Insignien des Cafés zu einem Tisch, den Gäste gerade verdreckt zurückgelassen hatten, und leckte ihn mit seiner Riesenzunge sauber. Eine Frau, die direkt neben ihm schwebte, hatte unter ihrem goldenen Anzug eine Rundung, die womöglich eine dritte Brust war. Jan beschloss, sich grundsätzlich über nichts mehr zu wundern, solange sie hier waren.

»He, Alter!« Von rechts unten schwebte ein hoch gewachsener, bärtiger Mann heran. Er trug eine Brille, die wie ein schmaler Silberstreif aussah. Auf seiner Schulter hockte ein rattenähnliches Tier, das gerade damit beschäftigt war, die Dekoration aus dem Cocktail seines Besitzers zu fressen. »Auch wieder im Lande?«

»Aber klar doch!«, gab Andy zurück und flüsterte Jan und Miri zu: »Ben Rezak ist Biotechnologe. Spezialisiert auf außerirdische Lebensformen. Ich habe Gerda von ihm gekauft. Sie stammt von Beta Cygni.«

»Neulich war ich mal wieder dort – aber ich befürchte, dass dieser Stern sich bald in eine Nova verwandeln wird«, sagte Ben Rezak und blickte düster drein. »Das wäre sehr unangenehm für die Pflanzen und Tiere. Ich werde der UGA eine Evakuierung vorschlagen.«

»Ist eine Nova das Gleiche wie eine Supernova?«, fragte Jan neugierig. Er hatte schon mal von Supernovae gehört, den gigantischen Explosionen beim Tod eines Sterns. Es musste furchtbar sein, wenn dadurch ein ganzer Planet voller Lebewesen zerbrutzelt wurde.

»Nein«, erklärte Andy. »Eine Nova gibt's zum Beispiel in Doppelsternsystemen. Das sind zwei Sterne, die sich umkreisen. Wenn dabei Materie von einem Stern auf die Oberfläche seines Nachbarn prallt, dann erhitzt sich die Oberfläche so plötzlich, dass der Stern aufleuchtet wie eine Glühbirne, die man einschaltet. Er geht dabei nicht kaputt, sondern kann noch ein paarmal zur Nova werden.«

»Ach so ...«

»Ich bin einmal zu nahe an eine Nova rangekommen, weil der Pilot zu viele Loxys geschluckt hatte und dachte, er wäre an einem Palmenstrand. Ohne mich wäre der Simplo aufgeschmissen gewesen«, prahlte Jaromir. »Als ich merkte, was los war, habe ich den Piloten einfach aus seinem Sitz herausgezerrt und vollen Schub gegeben. Wir sind gerade noch weggerevvt, bevor die Nova mal wieder hochgegangen ist!«

»Und was hat der Captain dazu gesagt?«, fragte Andy und zwinkerte Jan und Miri zu. »Warum hat er denn nicht selbst eingegriffen?«
»Der Captain war gerade mit der hübschen Navigationsassistentin in Kabine zwei. Ich muss zugeben, ich hätte gerne mit ihm getauscht!«

»Er war bestimmt begeistert, als sie von der Beschleunigung an die Wand gekleistert worden sind«, sagte Andy Zero trocken.
»Immerhin besser als gebraten zu werden«, mischte sich Miri schüchtern ein. »Oder von ein paar fiesen Außerirdischen gefressen zu werden. Als diese Eris sich auf uns gestürzt haben, dachte ich auch schon, es wäre so weit!«

»Das erinnert mich daran, wie wir einmal Rotquappen vom Sirius an Bord hatten«, sagte Santii. »Es wurden immer mehr, sie fraßen sich durch die Außenhaut ins Schiff – du weißt schon, sie können eine starke Säure absondern. Wir waren schon ganz schön verzweifelt, als unser Frachtmeister eine Idee hatte ...«

»... ihnen Musik vorzuspielen, worauf sie angefangen haben zu tanzen«, ergänzte Ben Rezak gelangweilt. »Stimmt's?«

Santii blickte düster unter ihren zackigen Augenbrauen hervor. »Danke, dass du mir die Pointe verdorben hast, Ben.«

»Rotquappen sind sehr leicht in Trance zu versetzen«, erklärte Rezak Jan und klopfte seinem offensichtlich noch immer hungrigen Haustier, das sich gerade über seine Ohrmuschel hermachen wollte, auf die Pfoten. Er begann etwas über einen Wasserplaneten zu erzählen, doch Jan hörte nicht mehr zu. Gerade hatten zwei Mädchen, die eine Art leuchtendes Spinnennetz trugen und sonst nichts, einander an den Fußknöcheln gepackt, sodass sie zusammen eine Art menschliches Rad bildeten. Lachend wirbelten sie mitten durchs Café. In der Schwerelosigkeit war das gar kein Problem.

Jan bemühte sich, die Mädchen nicht zu sehr anzustarren. Doch Andy warf den beiden nur einen kurzen Blick zu und flüsterte ihm zu: »Die haben mindestens zwei Loxys eingeworfen. Damit ist man einen Abend lang im Overdrive. Im Café Andromeda kann man zwei Dutzend verschiedene Sachen kaufen, die einem wirklich das Hirn wegblasen.«

»Ich finde das Café schon ohne Drogen verrückt genug«, sagte Jan und beobachtete zwei Eris, die es sich gerade mit ihren Saugnäpfen an der gläsernen Wand gemütlich machten und sich durch schnelle Bewegungen ihrer Fühler unterhielten. »Gut, dass die sich miteinander beschäftigen. Ich habe keine Lust, von ihnen abgetastet zu werden.«

»Sie zeigen wirklich faszinierende Verhaltensweisen – und außerdem sind sie gut für die Luft«, sagte Ben Rezak.

»Vielleicht nehme ich ein paar von ihnen an Bord, wenn ich mich auf den Weg nach Rango II mache«, sagte Santii. »Gute Idee eigentlich.«

»Du fliegst nach Rango II?« Andy horchte auf. »Das ist ja ganz in der Nähe von Paulis Planet! Könntest du da nicht Fuzzy mitnehmen und ihn in seiner Heimat absetzen? Der Kerl hat uns neulich wieder genervt. Es wird wirklich Zeit, dass ihn jemand heimbringt.«

»Hm, und wer zahlt mir den Aufwand? Ein Umweg ist das schon ...«

»Ich fände es total nett, wenn du es machen würdest!«, sagte Jan. Ihm hatte das Quantenwesen schon bei ihrer Begegnung an Bord der *Magellanus* leidgetan.

»Na gut«, sagte Santii seufzend. Sie wurde Jan noch ein Stückchen sympathischer.

»Mir ist übrigens schlecht«, unterbrach ihn Miri. Besorgt sah Jan, dass sie blass aussah.

»So, so«, sagte Ben Rezak. »Wird wohl an der Schwerelosigkeit liegen. Vielleicht aber auch am Drink. Meistens liegt's an beidem. Das ist zu viel fürs Innenohr.«

Er schwebte ein Stück näher und setzte seine Brille ab. Grün schillernde Facettenaugen kamen zum Vorschein. Miri schrak zurück.

»Lass mal, wir wollten sowieso gehen«, sagte Andy und blickte zur Bar hinüber. »Der Farbe nach kriegt Wohololu gleich einen Wutanfall. Er ist schon richtig lila. Normalerweise schaue ich ja gerne zu, wie er den Leuten Drinks an die Köpfe wirft, aber ich habe den dumpfen Verdacht, dass ich diesmal dran sein soll. Also verziehe ich mich lieber.«

»Ich muss auch zurück«, sagte Ben Rezak. »Nachher soll noch ein Poetry-Slam stattfinden, und ich habe gehört, dass ein Vogone teilnehmen will. Das tue ich mir nicht an. Macht's gut, Leute!« Er begann zu flimmern und löste sich auf.

»He, wo ist der denn hin?«, wunderte sich Miri.

»Ein Drittel der Leute hier ist gerade zu weit weg, um körperlich da sein zu können«, erklärte Andy. »Aber als Holoprojektion herzukommen ist auch ziemlich slick. Als ich auf Patrouille war, habe ich das auch öfter gemacht. Was ist, gehen wir?«

»Ciao!«, sagte Jan und winkte seinen neuen Freunden zu. Dann schwebte er Andy und Miri hinterher, die schon in Richtung Ausgang unterwegs waren.

»Was hat der Junge gesagt?«, hörte er hinter sich Santii zu irgendjemandem sagen. »Klang wie das sirianische Wort für ›Küche‹. Ich glaube, er will damit sagen, dass ihm die Drinks geschmeckt haben.«

Müde und nicht in bester körperlicher Verfassung purzelten sie durch die Luftschleuse und machten sich auf den Rückweg zur *Magellanus*. Wie es seine Gewohnheit war, rief Andy an Bord trotzdem noch seine Nachrichten ab. Als er die zweite las, sog er scharf die Luft ein.

»Was ist?«, fragte Miri alarmiert. »Irgendwas passiert?«

Andy schüttelte den Kopf. »Das nicht – aber ich bin vom Sender GalacticChannel eingeladen worden, an einer Diskussion im *galaxy.wide.web* teilzunehmen, die demnächst gesendet werden soll. Thema: Die Suche nach der Weltformel!«

»Klingt doch toll ...«, meinte Jan.

»Na ja, eigentlich schon. Aber ratet mal, wer in der Sendung mit mir diskutieren soll!«

Jan und Miri sahen sich an. »Doch nicht etwa Dillitzer?«

»Er und kein anderer«, sagte Andy und seufzte. »Ich weiß wirklich nicht, ob ich mir das antun will. Was meint ihr, soll ich mitmachen oder nicht?«

»Natürlich machst du mit! Stell dir doch mal vor, was für eine gute Werbung für deine Arbeit es wäre, wenn du wirklich ins Fernsehen kämst!« Miris Augen strahlten. »Schließlich beklagst du dich ja immer, dass sie für dich keine Forschungsgelder rausrücken ...«

»Na ja, ich weiß nicht ...«

»Und wenn du ablehnst, dann werden sie wahrscheinlich behaupten, dass du gekniffen hast«, sagte Jan trocken.

Andy zuckte zusammen. »Geht in Ordnung!«, sagte er. »Ich mach's!«

Duell mit Kuss

Auf der Suche nach der Weltformel

Endlich war es so weit. Im Café Andromeda war an einen normalen Betrieb nicht zu denken, schließlich kannte und mochte hier fast jeder den Captain. Zwei Dutzend Gäste knäulten sich unter, über, neben und vor dem großen kugelförmigen Schirm, auf dem in alle Richtungen das *galaxy.wide.web* zu sehen war. Jan und Miri waren irgendwo in der Mitte eingekeilt.

Mit zwei seiner Fangarme tickte Wohololu die Daten der Talkshow ein. Sofort erschienen Andy und Dillitzer auf dem Display. Zwischen ihnen lümmelte sich die Moderatorin, eine junge Frau mit langen Haaren, die wogend um ihren Kopf schwebten und alle paar Sekunden die Farbe wechselten. Dillitzer, wie immer untadelig frisiert und mit einem charmanten Lächeln auf den Lippen, trug einen schwarzen Anzug mit weiten Ärmeln und Hosenbeinen, der entfernt japanisch wirkte. Andy hatte seine silbergraue Ausgeh-Uniform an und sah ernst aus.

»Die Uniform steht ihm gut«, sagte Miri stolz. »Was meinst du, ob er nervös ist?«

»Klar ist er nervös«, trompetete Jaromir. »Aber er wird ihn fertig machen, diesen geschniegelten Negg ...«

»Ruhe jetzt, sie fangen an«, zischte Santii.

Die Moderatorin tat so, als würde sie die Kamera mit beiden Händen zu sich heranziehen und sie küssen. Einen Moment lang füllten ihre schwarz geschminkten, gespitzten Lippen das ganze Bild aus. »Das ist ja eklig!«, sagte Jan.

»Es ist ihr Markenzeichen – sie heißt Kiss Nakolny«, flüsterte Santii. »Unterschätze sie nicht, sie hat angeblich einen IQ von 160!«

»Seid gegrüßt!«, zwitscherte Kiss. »Ach, es ist so wunder-wunder-schön, dass ihr eingeschaltet habt, meine Freunde! Ich liebe euch alle!«

Jan verzog das Gesicht. Die sollte einen IQ von 160 haben?

»Das Thema unseres Duells heute beschäftigt die Menschen schon seit zwei Jahrhunderten – die Suche nach der einheitlichen Feldtheorie, auch Theorie für Alles oder Weltformel genannt! Bei mir im Studio begrüße ich heute zwei der bekanntesten Experten, die sich mit diesem Thema beschäftigen: unser allseits bekannter und beliebter Professor Johannes Dillitzer, Ehrendozent an der Galactic University of Sirius, Träger der Hozzu-Vulx-Verdienstmedaille. Sein Kontrahent ist der Astrophysiker Andrew Zero, Captain der UGA-Flotte ...«

Übermütige Hochrufe schallten durchs Café Andromeda. »An-dy! An-dy! An-dy!«

Als hätte er etwas hören können, lächelte Andy verschmitzt in die Kamera. Jan lächelte zurück – vielleicht konnte er sie ja wirklich irgendwie sehen.

»Wollen Sie uns kurz erklären, Herr Zero, was die Weltformel eigentlich ist?«

Andy nickte und setzte zu einer Antwort an, doch Dillitzer kam ihm zuvor. »Die Weltformel verschmilzt alle physikalischen Theorien zu einer einzigen«, dozierte er lächelnd. »So wie man aus der Relativitätstheorie eine Menge anderer Dinge ableiten kann, müssten aus der Weltformel sämtliche Formeln der Physik quasi herauspurzeln. Und dabei wage ich zu behaupten, dass die Weltformel genauso kurz und einprägsam sein wird wie $E=mc^2$ – sehr wahrscheinlich wird man sie vorne auf ein T-Shirt drucken können!«

»Ich werde Ihnen höchstpersönlich so ein T-Shirt anfertigen lassen, sobald ich die Formel entdeckt habe«, versprach Andy liebenswürdig und erntete dafür einen mörderischen Blick. Jan war froh, dass sich der Captain durch seinen Rivalen nicht aus der Ruhe bringen ließ. Bevor der Professor die Diskussion wieder an sich reißen konnte, legte der Captain selbst los: »Es geht vor allem darum, die vier fundamentalen Kräfte unter einen Hut zu bringen und zu vereinheitlichen. Ich rede von der elektromagnetischen Kraft, der Gravitation sowie der schwachen und der starken Wechselwirkung, beides Kräfte, die innerhalb des Atomkerns wirken. Das wären dann nur verschiedene Spielarten ein und desselben Kraftfeldes.«

O je, dachte Jan. Er murmelte »Wechselwirkung ...«

Die **schwache und die starke Wechselwirkung** (auch schwache und starke Kraft genannt) zählen beide zu den Kernkräften. Die starke Wechselwirkung hält Protonen und Neutronen (und natürlich die Quarks) im Atomkern zusammen, während die schwache Kraft zusätzlich noch auf die Elektronen wirkt. Man hat herausgefunden, dass die schwache Kraft für die Beta-Strahlung verantwortlich ist. Sie ist eine der Formen des radioaktiven Zerfalls; dabei sendet das radioaktive Material schnelle Elektronen aus.

»Klingt toll, ihr Lieben«, flötete Kiss Nakolny. »Aber wie wisst ihr, dass es überhaupt so eine einzige Theorie, die alles erklärt, gibt? Bisher habt ihr ja das Problem, dass sich die Gravitation nicht so recht in ein einheitliches Bild einfügen möchte!«

»Tja«, sagte Andy. »Ich zumindest glaube daran, dass die Natur – und damit auch die Physik – eine Art geschlossenes Ganzes ist. Alles hängt mit allem zusammen.«

Dillitzer lächelte überlegen. »Unsinn. Als Nächstes fangen Sie wahrscheinlich auch noch an, von Gott zu reden, Zero.«

»Nicht nötig.« Andy blieb gelassen. »Allerdings würde es mich schon interessieren, was oder wer den Urknall ausgelöst hat. Vermutlich werden wir das nie erfahren.«

Deutlich sah Jan, wie Dillitzer zusammenzuckte und Andy misstrauisch anblickte. Was hatte er bloß?

Kiss Nakolny tänzelte um die beiden Physiker herum und zog die Kamera mit sich. »Erzählt mir, was wir durch eure Versuche erfahren werden. Professor Dillitzer, Sie sind dran!«

»Die Stringtheorie ist der Schlüssel«, sagte Dillitzer. »Teilbereiche der Physik kann man schon daraus ableiten. Wir nähern uns der Formel immer weiter.«

Stringtheorie? Jan aktivierte seine Datenbrille.

Die **Stringtheorie** (*string* = »Faden«, »Saite«) ist der bisher erfolgreichste Versuch, alle vier Kräfte unter einen Hut zu bringen. Dazu braucht man allerdings theoretisch zehn Raumdimensionen. Sie sind, so vermutet man, so eng eingerollt oder winzig, dass Menschen sie – im Gegensatz zu den uns vertrauten drei Dimensionen – nicht wahrnehmen können. In der Stringtheorie sind Elementarteilchen winzige eindimensionale Fädchen (»Strings«), die unterschiedliche Schwingungszustände annehmen können, so wie die Saiten einer Violine unterschiedliche Töne hervorbringen können. Jedes Teilchen, wie zum Beispiel Protonen und Neutronen, entspricht einer bestimmten Schwingungsfrequenz.

Erweitert man diese Theorie der Elementarteilchen um die so genannte Supersymmetrie, nennt man das ganze »Superstringtheorie«. Eine andere Form der Stringtheorie, die zurzeit in der Welt der Physik von sich reden macht, ist die Membrantheorie. Sie erweitert die eindimensionalen Strings zu mehrdimensionalen »Branen«, die sich auch einrollen können.

»Soso, die Stringtheorie – Sie haben also die Lösung schon?« Kiss Nakolny spitzte die Lippen zum Kussmund.

»Leider haben wir zu viele Lösungen! Bei einer einfachen Gleichung, die ein physikalisches Problem beschreibt, gibt es nur eine wahre Lösung. Aber bei der Stringtheorie haben wir viele Gleichungen, und es gibt sehr viele Lösungen. Welche ist richtig? Vielleicht stimmen sogar mehrere! Im Moment sind wir dabei, die Zahl der potenziellen Lösungen einzuschränken, doch dafür brauchen wir Daten aus Experimenten. Deshalb unsere vielen Forschungsflüge.« Herablassend sah Dillitzer zu Kiss Nakolny herüber. »Können Sie mir folgen?«

»Aber ja!« Die Moderatorin strahlte Dillitzer an. Vergeblich versuchte er auszuweichen, doch es war zu spät. Kiss drückte ihm einen Schmatzer auf die Wange. Zurück blieb ein fetter schwarzer Lippenabdruck. Angewidert und verlegen versuchte Dillitzer die Farbe mit der Hand abzuwischen. Die Gäste des Café Andromeda grölten vor Lachen, und Jan und Miri stimmten ein. Das hatte er davon, dass er sie behandelte, als wäre sie nur ein Dummerchen, dachte Jan schadenfroh.

Andy meldete sich wieder zu Wort. »Tut mir leid, Professor. Aber das überzeugt mich alles nicht. Sie werden vermutlich nach der Lösung suchen, bis Sie schwarz sind. Die Stringtheorie ist frizzy, deshalb sind auch so viele Physiker von ihr überzeugt. Aber sie hat das Problem, dass sie sich bisher experimentell nicht beweisen lässt. Man kann Superstrings nicht in Beschleunigern aufspüren, weil sie zu winzig sind. Und die zehn Dimensionen hat bisher noch keiner gefunden!«

»Welchen Weg verfolgen *Sie?*« Die Moderatorin lächelte ihn an.

»Ich revve auch viel durchs Universum, um Daten zu sammeln«, berichtete Andy und blickte in die Kamera. »Für mich besteht der Weg zur Weltformel darin, die Allgemeine Relativitätstheorie und die Quantentheorie zu verbinden. Dafür müssen wir die Gravitonen studieren, also die Schwerkraft-Teilchen. Da sie Welleneigenschaften haben, kann man sie auch Gravitationswellen nennen. Für sie gelten andere Gesetze als für Photonen und Elektronen. Wenn wir sie erforschen und herausfinden können, welche Gesetze das sind, dann kommen wir der Einheitlichen Feldtheorie näher.«

Kiss Nadolny seufzte. »Die geheimnisvollen Gravitonen! Liebe Watcher, auf der Erde kommen sie nur sehr schwach an, man hat es erst weit im 21. Jahrhundert geschafft, sie zu messen. Wo holen Sie Ihre Gravitonen her, Captain Zero?«

»Ganz unterschiedlich«, sagte Andy mit einem schnellen Seitenblick auf seinen Rivalen. Jan begriff, dass der Captain nicht zu viel verraten wollte, damit Dillitzer das nicht ausnutzen konnte.

Dillitzer drehte seinen Charme bis zum Anschlag auf und lächelte zu Nakolny hinüber. »Der Kollege meint, dass er schon ein paar harmlose Experimente mit Neutronensternen und dergleichen angestellt hat. Aber das kommt bei weitem nicht an das heran, was ich plane. So etwas hat die Welt noch nicht gesehen, das verspreche ich Ihnen. Es wird die größte Sensation der Menschheitsgeschichte sein.«

»Verraten Sie schon etwas darüber?«

Etwas genervt winkte Dillitzer ab. »Ich werde darüber sprechen, wenn der richtige Zeitpunkt gekommen ist.«

Während sich Andy und Dillitzer auf dem Bildschirm über Details ihrer Lösungswege in die Haare gerieten, wandte sich Jan seiner Zwillingsschwester zu. »Was könnte der Typ vorhaben?«

»Keine Ahnung«, meinte sie. »Ich habe das Gefühl, dass er mehr verraten hat, als er eigentlich wollte. Jedenfalls hat er einen Fehler gemacht. Wir wissen jetzt, dass er etwas plant.«

»Das war richtig spannend«, seufzte Jan. »He, was meinst du, Santii – wer hat den besseren Eindruck gemacht?«

»Eindeutig Andy, auch wenn sein Ansatz nicht erfolgversprechender ist als der von Dillitzer«, sagte die Astronautin mit den gezackten Augenbrauen und lächelte. »Ich gönne es ihm, er hat's in letzter Zeit nicht immer leicht gehabt. Den Erfolg kann er brauchen.«

»Wieso hat er es denn nicht leicht gehabt?« Miri spitzte die Ohren.

»Na ja, vorletztes Jahr ist er endlich zum Captain befördert worden, und es ging ihm richtig gut. Doch dann hat er sich in eine Frau vom Sirius verliebt.« Santii zuckte die Schultern. »Leider ist das von Alpuri ziemlich weit weg. Damals war der Tunnel noch nicht so weit entwickelt, dass er damit hätte hinreisen können. Er konnte sie also fast nur als Holoprojektion sehen. Nach einer Weile hat sie Schluss gemacht. Daran kaut er immer noch, glaube ich – es ist noch nicht lange her. Er lässt seinen Bordcomputer immer noch in ihrer Stimme sprechen, obwohl ich ihm gesagt habe, dass das keine gute Idee ist.«

Soso, dachte Jan. Pis Bluessängerinnen-Stimme war also nicht künstlich erzeugt. »Eine Frau mit grünen Haaren und großen Augen?«, meinte Miri gespannt. »Sie war mal versehentlich auf den Monitoren.«

Santii grinste. »Wahrscheinlich lag's an dem Chaos, das immer in seinen Datenbanken herrscht ...«

»Was für ein Chaos? Ihr redet doch nicht etwa von mir?«, rief eine vertraute Stimme. Andy schwebte heran und federte sich an der großen Display-Kugel ab, um zum Stehen zu kommen. Die elastische Kugel wabbelte wie eine Qualle.

»Aber nein!« Santii warf ihm einen Drink zu. »Ich habe den beiden gerade anhand deines Cockpits erklärt, was Entropie ist. Glückwunsch übrigens zu deinem Auftritt! Absolut milchstraßentauglich!«

»Entropie?« Miri runzelte die Stirn.

Santii lachte. Jetzt musste sie es wirklich erklären. »Das ist ein Ausdruck aus der Thermodynamik und bedeutet, dass das Chaos im Universum zunimmt. Man beginnt sozusagen mit dem perfekt aufgeräumten Cockpit der *Magellanus* – so sah es auf ihrem Jungfernflug doch noch aus, oder, Andy? –, und nach und nach wird es da drinnen immer unordentlicher. Ein paar Sachen gehen kaputt, die Energie der Speicher verbraucht sich. Im Universum ist's genauso. Das ist eines der großen Prinzipien.«

Jan versuchte, den Bogen von einem unordentlichen Cockpit zum Universum hinzukriegen. »Nimmt die Energie also immer ein bisschen ab?«

»Genau. Ihr wisst ja, Energie kann nicht zerstört werden, sie wechselt nur die Form – aber nach und nach wird immer weniger davon nutzbar. Es ist so wie in einer GameHall.«

»GameHall?«

»Spielbank«, warf Andy ein. Wahrscheinlich hatte er den Chip in seinem Gehirn befragt. »Thanks. Die Leute gewinnen und verlieren, manche werden reicher, manche ärmer, aber die Spielbank selbst macht unterm Strich immer einen fetten Gewinn. So ist die Statistik. Im Universum ist es quasi umgekehrt. Was auch darin passiert, jedes Mal geht unterm Strich etwas Energie verloren und erscheint in Form von nutzloser Wärme.«

In diesem Moment platzte ein Mann in dunkelblau-silberner Uniform ins Café. Laut und aufgeregt redete er auf einige der Gäste ein. »Das ist einer aus der Sternwarte von Alpuri«, sagte Andy überrascht. »Es muss irgendetwas passiert sein ...«

Andy, Santii und die Zwillinge drängten sich näher heran, um hören zu können, was er sagte. »... haben ihn gerade entdeckt, acht Sonnenmassen, das gibt ein Schauspiel! Wir schätzen, dass er in ein paar Alpuri-Tagen hochgeht, er ist ziemlich am Ende ... 30 000 Lichtjahre entfernt ... ja, es ist Giga Sagittarius ...«

»Wovon redet der?«, drängte Miri.

»Anscheinend haben sie einen Stern entdeckt, der sehr bald sterben wird, weil er seinen Kernbrennstoff verbraucht hat!« Andys Augen glänzten. »Das heißt, wenn wir schnell genug da sind, können wir live miterleben, wie es mit ihm zu Ende geht! Für mich bedeutet das, dass da wahnsinnig wertvolle Daten anfallen.«

Ein paar andere Astronauten waren schon dabei, eilig ihre Drinks auszuschlürfen und sich zu verabschieden. »Alles Katastrophentouristen«, meinte Santii. »Ich bleibe lieber hier. Mein Frachter schafft's sowieso nicht rechtzeitig bis dorthin.«

»Die anderen werden's wahrscheinlich auch nicht vor dem großen Knall schaffen – aber mit der schnellen *Magellanus* und dem weiterentwickelten Tunnel sind wir ruckzuck da. Wird zwar teuer, bei der Entfernung, aber das ist es mir wert.«

Großer Knall? Jan fühlte, wie er blass wurde. »Wird das eigentlich sehr gefährlich?«

»Ja, klar – sterbende Sterne dieser Größe sind unberechenbar«, sagte Andy heiter über die Schulter, stieß sich ab und schwebte in Richtung Ausgang.

Jan zögerte und tauschte einen kurzen Blick mit Miri. Dann zuckte er die Schultern und schwebte hinterher. Diesmal war er es, dem ein bisschen mulmig im Bauch war. Und nicht nur von der Schwerelosigkeit.

Bäng!

Leben und Tod eines Sterns

Ein violettes Glühen spielte über die Luken ... und dann sahen sie einen Stern wie Millionen von anderen vor sich. Eine gleißend helle Kugel im All, die Miri und Jan durch die mit speziellen Filtern abgedunkelten Luken sicher betrachten konnten. »Das ist er also – Giga Sagittarius«, sagte Jan und musste zugeben, dass er ein bisschen enttäuscht war. »Woran merkt man denn, dass er demnächst stirbt?«

Aufgeregt wie ein Kind kurz vor Weihnachten richtete Andy seine Geräte ein und begann mit den ersten Messungen. Mit fast liebevollen Bewegungen kalibrierte er seinen Gravitationswellendetektor und sein Spektrometer. »Jetzt wollen wir mal schauen, woraus der Stern besteht. Das geht nur, indem man das Licht untersucht, das er ausstrahlt – sein Spektrum. Pi ...?«

»Aber klar, Boss.« Ein breites Lichtband, das wie ein Regenbogen in allen Farben schillerte, erschien auf den Displays.

»Daraus kann man ablesen, welche Elemente es in seinem Inneren gibt«, erklärte Andy weiter. »Das Ding da draußen hat den Wasserstoff, aus dem die meisten Sterne bestehen, schon fast vollständig in Helium umgewandelt. Helium brennt schlechter. Der Stern hat sozusagen seinen Sprit verbraucht.«

Jan grinste. »Und eine Tankstelle ist nicht in Sicht.«

»Righto. Das Problem für ihn ist: Wenn es in seinem Inneren buchstäblich nicht mehr so heiß hergeht, dann kann er seiner eigenen Schwerkraft nicht mehr widerstehen. Und die ist wirklich enorm.«

»Wieso?« Miri runzelte die Stirn. »Was macht es für einen Unterschied, wie heiß er ist?«

»Die Fusion erzeugt einen Strahlungsdruck. Und die hält den Stern aufgeblasen wie einen Luftballon – das gleicht es aus, dass die Gravitation gleichzeitig versucht, ihn zusammenzuziehen.«

»Dann müsste er in sich zusammenfallen, wenn ihm der Wasserstoff ausgeht«, folgerte Miri, noch immer auf den Stern jenseits der Luken konzentriert. Jan tat das Gleiche. Er hatte Angst, den großen Moment zu verpassen.

»Das wissen wir jetzt noch nicht.« Andy grinste. »Es gibt mehrere Möglichkeiten, was aus diesem da werden kann, Scouts. Sein Schicksal hängt von seiner Masse ab. Bei kleineren Sternen – also bei solchen mit weniger als sechsmal der Masse eurer Sonne – wird manchmal nur die Hülle weggeschleudert. Wooosh! Zurück bleibt ein Weißer Zwerg, ein Mini-Stern etwa so groß wie die Erde. Eine Ein-Cent-Münze aus dem Material eines Weißen Zwergs würde 100 Kilo wiegen, weil die ganze Masse des Sterns so stark zusammengedrückt wurde. Slick, was?«

»Also würde unsere Sonne auch so ein Weißer Zwerg?« Miri staunte. »Ist das noch lange hin?«

»Keine Sorge. Noch etwa 4 Milliarden Jahre. Eure Sonne ist ein Stern mittleren Alters.«

»Wieso sind Weiße Zwerge eigentlich weiß?«, erkundigte sich Jan.

»Das hängt von der Temperatur ab – so wie ein Metall erst rot glüht, dann gelb, dann weiß, wenn es erhitzt wird. Rote Sterne sind die kühlsten, weiße die heißesten. Manche sterbenden Sterne werden auch zu roten Riesen – sie blähen sich auf und werden kühler. Solche Riesensterne sind die reinsten Mogelpackungen: Viel Hülle und wenig dahinter. Und schließlich werden sie doch noch zu Weißen Zwergen.«

»Und was wird aus einem richtig großen Stern, wenn er abkratzt?«, hakte Jan nach.

»Wenn er mehr als acht Sonnenmassen hat, dann gibt's eine Supernova. Das heißt, er explodiert mit enormer Wucht. Manchmal schrumpft der Stern danach zu einem Neutronenstern mit nur noch 30 Kilometern Durchmesser.«

Jan versuchte, sich das vorzustellen. Das war ja nur so groß wie Berlin komplett mit Vororten! Nicht gerade viel ...

»Dieser deffige Rest hat's in sich«, erzählte Andy weiter. »So ein Stern besteht aus ungeheuer dicht gepackter Materie, praktisch nur noch aus Neutronen. Deshalb nennt man ihn auch Neutronenstern. Stellt euch mal vor, ein Stück, das so groß ist wie ein Zuckerwürfel, würde auf der Erde einige Millionen Tonnen wiegen.«

»Wow!«, sagte Miri.

»Wie schwer ist denn Giga Sagittarius – also wie viele Sonnenmassen hat er?«, fragte Jan aufgeregt. Es war ja gut und schön, sich etwas über andere Sterne erzählen zu lassen. Was ihn eigentlich interessierte, war, was aus diesem da draußen werden würde.

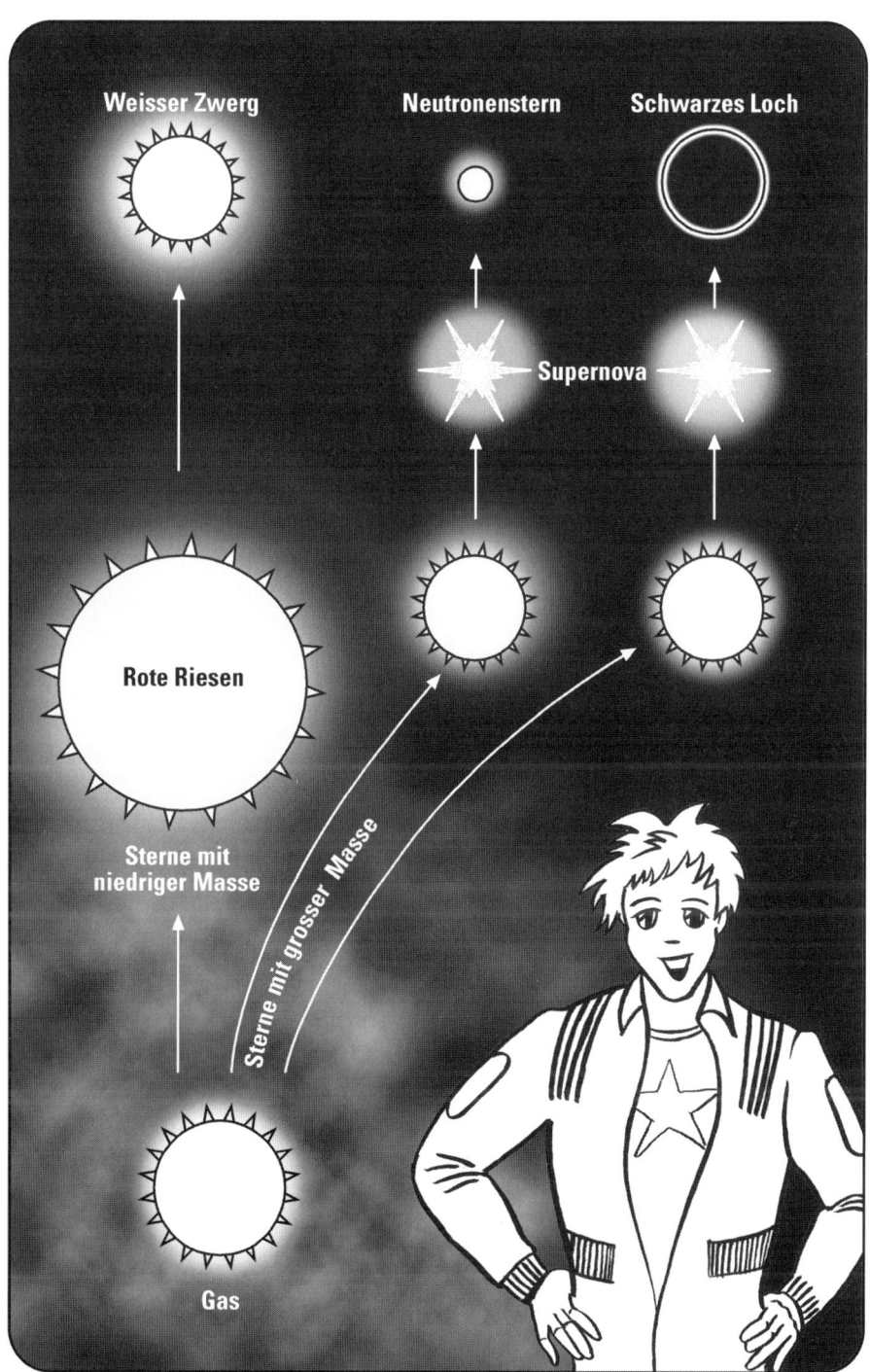

»Er hat acht Sonnenmassen, ist also genau im Grenzbereich.« Andy wurde ernst. »Könnte eine Supernova werden. Und wenn danach mehr als drei Sonnenmassen übrig sind, bricht er sogar ganz zusammen und wird zu einem Schwarzen Loch. Hm, wenn er wirklich explodiert, dann wird's hier ungemütlich, und mit Schwarzen Löchern ist absolut nicht zu spaßen. Sie können ganze Planeten und Sterne verschlingen.«

Eine **Supernova** ist die gewaltige Explosion eines Sterns, der seinen Brennstoff verbraucht hat und mehr als 8 Sonnenmassen schwer ist. Supernovae waren besonders in der Frühzeit des Universums, als es im Universum nur Gase wie Wasserstoff und Helium gab, sehr wichtig: Im Inneren eines solchen sterbenden Sterns steigen die Temperaturen bis auf über 1 Milliarde Grad, sodass leichte Atome zu schwereren verschmelzen und Elemente wie Kohlenstoff, Silizium und Eisen entstehen. Bei der gewaltigen Explosion entstehen dann noch schwerere Metalle. Das sind genau die Stoffe, aus denen die Erde besteht und die dort Leben ermöglichen. Man glaubt, dass unser Sonnensystem aus den Resten einer Supernova-Explosion entstand – die Sonne ist also ein Stern der »zweiten Generation«. Die erste Generation von Sternen bestand aus kurzlebigen Riesensternen.

»Ach du Scheiße«, sagte Jan. »Was ist, wenn das Ding tatsächlich in die Luft geht? Dann müssen wir so schnell wie möglich weg, oder? Dann macht's ›bäng‹!«

»Yep. Dann bleiben uns nur Sekunden. Die *Magellanus* hat zwar eine starke Abschirmung, aber die hält so was auch nur kurz aus.« Andy hielt die Fernbedienung des Photonentunnels hoch. »Deshalb muss immer jemand im Cockpit sein und Wache halten. Wenn der Stern wirklich explodiert, müssen wir durch den Tunnel revven – und zwar verdammt schnell.«

Jan und Miri schluckten und nickten.

»Ich finde das total unlogisch – je größer ein Stern ist, desto kleiner wird er nach seinem Tod«, fand Miri. »Woran liegt das?«

»Am Tauziehen zwischen Paulis Ausschließungsprinzip und der Gravitation. Je weiter ein Stern schrumpft, desto näher kommen sich seine Teilchen«, erklärte Andy. »Zuerst nähern sich die Elektronen. Aber die dürfen nach Paulis Prinzip nie den gleichen Zustand haben, sind also ungesellig. Was tun sie? Sie versuchen einander auszuweichen und haben damit immer mehr zu tun. Immer schneller und hektischer zischen sie herum.«

»Arme Dinger«, meinte Jan. »Aber das bedeutet auch, dass es im Stern immer heißer wird, oder? Irgendwann habe ich mal gelernt, dass die Bewegung der Elektronen Hitze verursacht ...«

»Stimmt schon. Eine schnellere Bewegung der Elektronen führt zu mehr Hitze und damit zu einem höheren Druck, der der Gravitation entgegenwirkt. Soweit klar?«

Miri und Jan nickten. Ist ja noch halbwegs easy, dachte Jan, jedenfalls wenn man vorher mit Quantenphysik abgefüllt worden ist!

»Also: Solange sich der Druck der Elektronen und die Gravitation die Waage halten, kann der Stern als Weißer Zwerg weiterleben. Aber hat er mehr als 3 Sonnenmassen – tja, das war's dann für den alten Glühball. In diesem Fall wird das Ausschließungsprinzip endgültig überwunden, die Gravitation gewinnt und kann den Stern unbegrenzt klein zusammenziehen.«

Nun begann an Bord der *Magellanus* das Warten. Andy und Miri gingen in die Küche, um Essen zu machen, und brachten Jan, der die erste Wache übernommen hatte, eine Portion grüner und brauner Würfel mit einer hellen Soße mit. Synthy-Fleisch und Veggies aus Algenextrakten, wie Jan inzwischen wusste.

»Diesmal hat Andy gekocht«, riet Jan und täuschte Begeisterung vor. »Lecker! Sieht aus, als hätte diese Krake aus dem Café Andromeda auf den Teller gekotzt.«

»Ich hätte ja auch lieber was aus dem Gasthaus zum goldenen Hirschen kommen lassen ...«, sagte Miri.

»Du willst dich wirklich über meine Kochkunst beschweren?« Andy blickte unschuldig drein. »Mir ist gerade eingefallen, dass ich jemand bräuchte, der das Schiff neu streicht – von außen ...« Mit gutem Appetit schaufelte er seine Portion in sich hinein.

Die Messwerte sahen alle unbedenklich aus. Hin und wieder warf Jan einen Blick auf den Radarschirm. Kein anderes Schiff war im Umkreis. »Die Katastrophentouristen sind noch nicht da, oder? Sie werden alles verpassen.«

»Es wundert mich, dass Dillitzer nicht gekommen ist – er hat einen Tunnel, der fast so gut ist wie meiner, und hätte es ohne Probleme schaffen können«, sagte Andy und runzelte die Stirn. »Für ihn wäre das hier hoch interessant.«

»Hm, komisch.« Miri blickte düster. »Schlechtes Zeichen, finde ich. Er hat ja selbst gesagt, dass er etwas Großes vorhat. Vielleicht bereitet er das vor, während wir Giga Sagittanius abgelenkt sind.«

Miri übernahm die nächste vierstündige Wache, nachdem Andy ihr die Tunnel-Fernbedienung in die Hand gedrückt und genau erklärt hatte, auf welche

Messwerte sie achten musste. Schließlich übernahm Andy. Einen Tag-Nacht-Rhythmus kannten sie an Bord ja ohnehin nicht, deshalb legte sich Jan gleich nach seiner Wache in der Kabine aufs Ohr.

Bis der Alarm die Stille zerfetzte. Jan fuhr auf, war sofort hellwach. Es war Miris Wache. War es so weit, hatte sie etwas bemerkt?

Hastig streifte er sich T-Shirt und Hose über und stürmte ins Cockpit. Seine Schwester und der Captain waren schon da und starrten gespannt aus den Luken. Jans Herz schlug schnell.

»Pi hat gemeldet, dass sich drüben etwas tut«, berichtete ihm Andy hastig. »Es müsste gleich so weit sein.« Er hielt die Steuerung des Tunnels in der Hand, den Daumen über dem blauen Knopf, der sie sofort nach Alpuri zurückkatapultieren würde.

Dann ging alles sehr, sehr schnell. Der Stern blähte sich auf, flog auseinander. Eine gigantische Schockwelle weißen Lichts flutete auf sie zu. Im Schiff brüllten Sirenen los, auf den Displays zuckten wilde Linien, auf einmal ging alles drunter und drüber. Und noch immer machte Andy keine Anstalten, den Knopf zu drücken, er hatte nur Augen für seine Messgeräte.

»Worauf zum Teufel wartest du?«, brüllte Jan, doch dann fühlte er schon, wie sein Magen sich hob und sie durch den Tunnel stürzten ...

Stille. Ein ruhiger dunkler Sternhimmel.

Sie waren zurück bei Alpuri.

Andy, Miri und Jan starrten sich an und warteten, bis sich ihr Puls beruhigt hatte. Schließlich seufzte der Captain tief auf und sagte: »Slick! Ein ganz schöner Kracher. Aber das ist nur der Anfang. Was mich eigentlich interessiert, ist, was mit dem Ding jetzt passiert.«

»Du willst doch nicht etwa noch mal zurück?«, fragte Jan entsetzt.

»Righto. Aber erst in ein paar Tagen. Bis dahin hat sich die Supernova verausgabt.«

Es wurden rastlose zwei Tage. Jan hatte sich inzwischen vom Sculptor einen Block und Bleistift machen lassen und zeichnete Alpuri (mit vielen Eris, die aus den Sichtfenstern spähten), die *Magellanus* – und natürlich Andy. Miri versuchte den Captain inzwischen vergeblich davon zu überzeugen, dass er sein Cockpit besser nach Feng-Shui-Prinzipien umbauen sollte. Ab und zu schauten sie zu dritt im Café Andromeda vorbei. Dann war es endlich so weit, sie waren wieder unterwegs. Zurück am Schauplatz des Todeskampfs. Der Stern war noch immer sehr hell, doch er schien von Minute zu Minute schwächer zu werden.

»Wunderbar ... genau rechtzeitig«, murmelte Andy. »Die zweite Phase.«

Vor ihren Augen begann der Stern zu schrumpfen. Es war, als würde er von einer unheimlichen Macht einfach weggesogen. Jan hielt den Atem an. Was bedeutete das? Entstand aus ihm ein Neutronenstern? Oder würde er immer kleiner und kleiner werden?

»Er schrumpft nicht mehr!«, rief Miri aufgeregt. »Ist er ein Weißer Zwerg geworden?«

»Dafür hat er zu viel Masse«, widersprach Jan und sah genau hin. »Jetzt sieht er aus wie eingefroren ... er macht gar nichts mehr ...«

»Gigashit«, sagte Andy. »Ich glaube, ich weiß, was aus ihm wird.«

In diesem Moment ging ein starker Ruck durchs Schiff, der Gravitationswellendetektor spielte verrückt. Die *Magellanus* bockte wie ein Flugzeug in schweren Turbulenzen. Jan und Miri klammerten sich an ihren Sitzen fest.

Ganz plötzlich wurde der Stern rot, dann erlosch er. Von einem Moment auf den anderen war er verschwunden.

Der tödliche Horizont

Schwarze Löcher

Unter ihnen war nur noch ein Nichts. Ein unheimliches Nichts, das ganze Sterne verschlingen konnte.

»Er ist ein Schwarzes Loch geworden, nicht wahr?«, sagte Jan mit trockenem Mund.

»Yep. Wir müssen schleunigst auf einen größeren Sicherheitsabstand. Wer diesem Ding zu nahe kommt, für den gibt's keine Hilfe mehr.« Nervös warf Andy die Triebwerke an. Ein paar Minuten später lag die *Magellanus* auf einer Kreisbahn um das Schwarze Loch; sie wurde auf einem der Displays, die im Raum schwebten, als grüne Linie angezeigt. Mit einem Stirnrunzeln betrachtete der Captain die anderen Instrumente. »Hm, da ist noch eine Masse, die wir nicht identifizieren können. Vielleicht ein kleiner Mond oder Asteroid, den das Schwarze Loch eingefangen hat und nun langsam in sich hineinzieht ...«

»Wieso ist der Stern so plötzlich verschwunden?« Miri klang etwas zittrig.

»Als der Stern zu einem Punkt geschrumpft war, wurde die Gravitation so stark, dass selbst das Licht nicht mehr entweichen konnte.« Andy überprüfte die Messdaten, die in einem stetigen Strom über die Monitore liefen. »Und wo kein Licht ist, können wir auch nichts sehen – da ist einfach Dunkelheit.«

»Der Stern hat sein eigenes Licht geschluckt«, sagte Miri fasziniert. »Warum ist er vorher rot geworden?«

»Weil die Lichtwellen es kaum noch geschafft haben wegzukommen. Sie sind immer langwelliger und damit röter geworden, gedehnt von der starken Gravitation. Bis sie so stark gedehnt waren, dass wir sie nicht mehr erkennen können.«

Auf den Displays im Schiff war eine Grafik des Schwarzen Lochs aufgeblendet. Sieht ein bisschen aus wie ein Trichter, der nie endet, dachte Jan. Ein Fass ohne Boden. Oder war es eher ein unheimliches Tor ins Nirgendwo? Vielleicht kam jemand, der da hineinfiel, durch ein Weißes Loch wieder zum Vorschein. Jan hob den Kopf und starrte auf die Bilder, die die Kameras vom All um sie herum lieferten. Auf den ersten Blick erkannte man nicht viel vom neuen Schwarzen Loch. Doch nach und nach konnte Jan einen großen hellen Ring ausmachen, der in der Mitte nachtschwarz war.

»Da vorne ist der Ereignishorizont«, sagte Andy leise, fast ein wenig ehrfürchtig. »Ein Schwarzes Loch von der Masse der Erde hätte nur einen 2 Zentimeter breiten Horizont – und könnte trotzdem einen ganzen Planeten verschlucken. Bei diesem hier ist er einige Kilometer im Durchmesser.«

»O je!«, stöhnte Miri.

Andy schüttelte den Kopf. »So deffig es klingt, aber je größer ein Schwarzes Loch, desto weniger gefährlich ist es, an seinen Horizont heranzufliegen. Je größer das Loch, desto größer ist die Schwerkraft, aber umso weiter ist auch der Horizont vom Gravitationszentrum entfernt.«

»Ist der Horizont der helle Ring da?«, fragte Jan.

»Ja, aus weiter Entfernung gesehen ist die Innenseite des Rings der Horizont. Der Ring entsteht, weil die Schwerkraft wie eine optische Linse wirkt. Die bricht das Licht der Sterne und lenkt es ein paarmal um das Schwarze Loch herum ab.«

»Was *ist* denn nun der Horizont?«, drängte Miri.

»Als der sterbende Stern in sich zusammengekracht ist, gab's einen sehr, sehr kurzen Moment, in dem das Licht, das er ausstrahlte, zwar nicht mehr entkommen konnte, aber auch nicht zurückgezogen und verschluckt wurde«, erklärte Andy. »Diese Grenze nennt man den ›Horizont‹ – weil man nicht darüber hinwegblicken kann.«

»Und was ist dahinter?«

»Die Singularität«, sagte Andy. »Jenseits dieses Horizonts ist der Stern weiter geschrumpft und zu einem winzigen Punkt geworden, an dem Dichte und Raumkrümmung unendlich sind. Die gesamte Masse des Schwarzen Lochs ist in diesem Punkt konzentriert.«

»Weiß man denn, wie das aussieht?«, fragte Jan neugierig.

»Das herausfinden zu wollen, wäre Selbstmord.« Andy starrte hinaus auf den hellen Ring aus Licht. Jan wurde nicht schlau aus seinem Gesichtsausdruck. »Wenn man einmal jenseits des Horizonts ist, kommt man nie wieder zurück. Nie wieder ...«

Jan fiel ein, dass Andys Eltern in einem Schwarzen Loch umgekommen waren. Kein Wunder, dass Andy jetzt seltsam zumute war. Wahrscheinlich wäre es rücksichtsvoller gewesen, ihn jetzt in Ruhe zu lassen. Doch das Thema ließ Jan nicht los. »Wieso nicht? Wenn man extrem starke Triebwerke hätte ...«

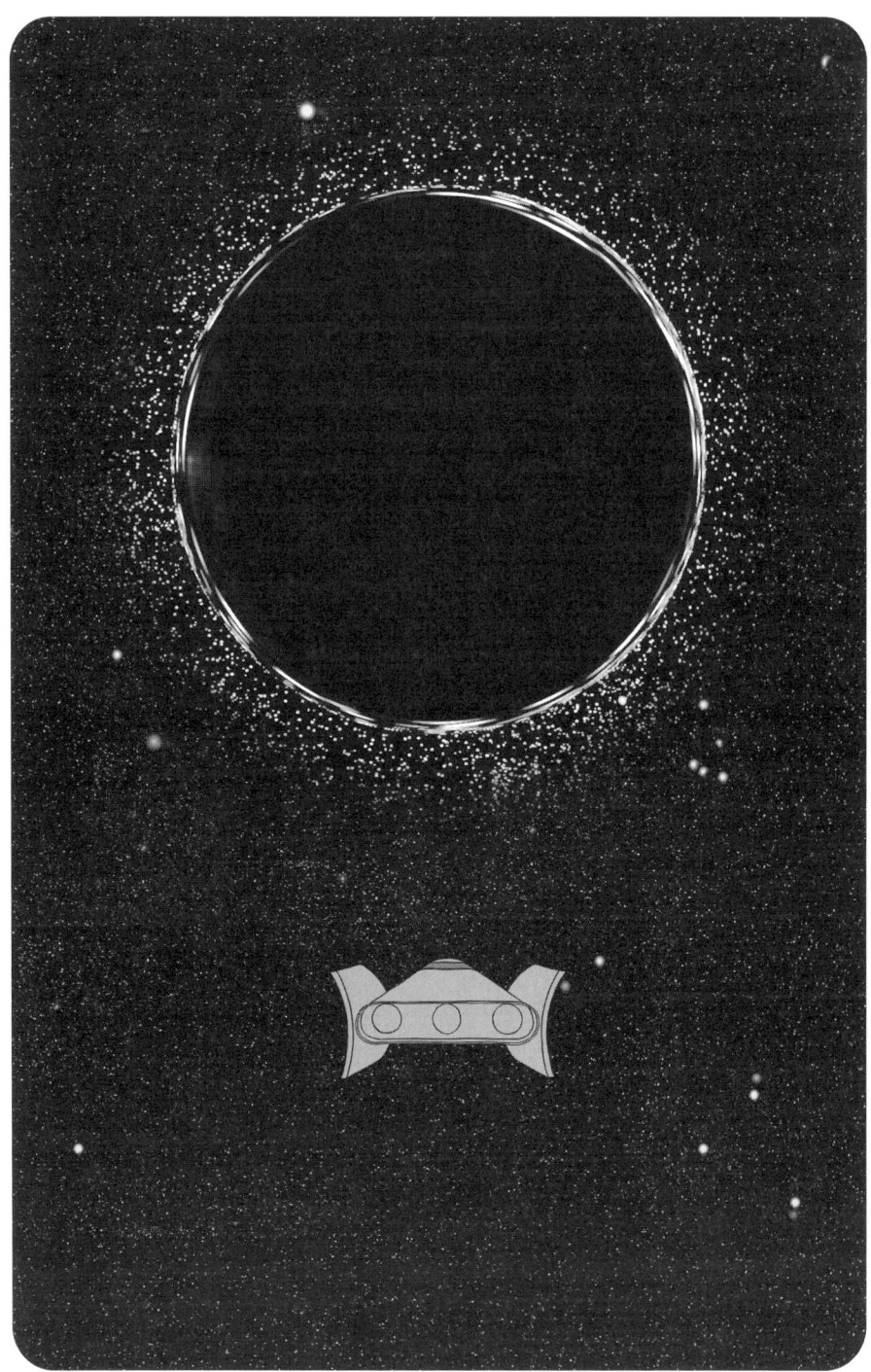

»Weil man schneller als Lichtgeschwindigkeit fliegen müsste, um dieser furchtbaren Gravitation zu entkommen – und dass das nicht geht, wisst ihr ja.« Andy gab sich einen Ruck, versuchte zu lächeln. »So, machen wir mal mit den Messungen weiter. Wir sollten nicht zu lange hier bleiben, Scouts. Jan, könntest du mir gerade mal helfen?«

Andy und Jan gingen zum Maschinenraum. Dort wartete schon eine kleine, kegelförmige Sonde mit Raketentriebwerk. Sie trug den Code M-1, und der Spitzname *Emmy* war quer über ihren Rumpf gemalt. Schwitzend wuchteten sie sie in eine Luftschleuse, aus der sie automatisch abgeschossen werden konnte. »Normalerweise muss man so was nicht per Hand machen«, keuchte Andy. »Habe ich schon mal erwähnt, dass ich Prototypen hasse? So, jetzt kräftig anheben, damit Emmy einrastet!«

Neugierig betrachtete Jan die Sonde, legte die Hand auf das kühle Metall. Sie hatte, so erklärte ihm Andy, einen kleinen grünen Laser an Bord, der regelmäßig Lichtpulse abschickte.

»Wie holen wir die Kleine eigentlich wieder rein?«, fragte Jan.

»Vergiss es – die sehen wir nicht wieder«, seufzte Andy. »Leider. Solche Messsonden kosten 10 000 Creds pro Stück, und da diese Forschungen an der Weltformel mein Privatvergnügen sind, geht das von meinem Gehalt ab …«

Aus dem Cockpit beobachteten sie, wie die Sonde nach unten schoss. Je weiter sie sich von ihnen entfernte und auf das Schwarze Loch zubewegte, desto gelbstichiger wurden die grünen Laserpulse.

»Dopplereffekt«, sagte Miri cool.

Jan musste ein ganz klein wenig grinsen. Sie ist bestimmt stolz, dass sie sich das gemerkt hat, dachte er. Damit sie nicht etwa dachte, dass sie ihn abgehängt hatte, fügte er hinzu: »Ist doch klar. Die Lichtwellen werden langgezogen und sehen dadurch röter aus.« Doch warum kamen die Signale auch langsamer hintereinander? Besser, er fragte Andy.

Der Captain antwortete nicht gleich. Er war dabei, die Daten der Sonde auszuwerten. Jan warf einen Blick auf die Displays und staunte: Die Sonde hatte inzwischen ein Zehntel der Lichtgeschwindigkeit erreicht! Ihre Laserpulse sahen schon orangegelb aus.

»Das liegt am Dopplereffekt, aber auch an der Zeitdehnung«, sagte Andy schließlich. »Erstens revvt die Sonde so schnell, dass die Zeit durch die Geschwindigkeit gedehnt wird, und zweitens …«

Andy unterbrach sich, um die Messgeräte zu beobachten, sah aber auch immer wieder hoch zum Cockpitfenster in das schwarze Nichts.

»... zweitens lässt die gigantische Masse von dem Ding da die Zeit langsamer vergehen, oder?«, ergänzte Jan. Ihm war wieder eingefallen, was ihnen Einstein im Hotelzimmer erklärt hatte. »Je näher man dem Zentrum kommt, desto mehr dehnt sich die Zeit.« Er fragte sich, ob ein Schwarzes Loch dadurch selbst unsterblich war, und ließ die Datenbrille anspringen.

Der Tod der Schwarzen Löcher. Lange Zeit wusste man nicht, wie lange »Dunkle Sterne« (so wurden Schwarze Löcher anfangs genannt) leben und ob sie überhaupt einmal verschwinden. Nach einer Theorie des britischen Physikers Stephen Hawking verlieren sie ständig Energie, obwohl keine Art von Strahlung und nicht einmal Licht sie verlassen kann. Durch Quantenfluktuationen – kleinen Energieschwankungen – im leeren Raum entstehen ständig Teilchen-Antiteilchen-Paare, die sich selbst sofort wieder zerstören. Außer, einer der Partner fällt ins Schwarze Loch und der andere kommt davon! Das passiert am Ereignishorizont ständig. Durch diesen Partikelstrom verliert das Loch Energie und verdunstet allmählich. Hawking vermutet, dass es sich ganz zum Schluss in einer gewaltigen Explosion auflöst.

»Verdammt, ist die Gravitation da unten stark!«, brummte Andy. »Ich habe die Sonde auf eine Umlaufbahn gelegt, aber der Antrieb schafft es kaum, sie dort zu halten.«

Plötzlich begann die *Magellanus* zu vibrieren. Erschrocken hielt sich Jan fest, obwohl es eigentlich gar nicht nötig war. »He, was ist das?«

»Mal wieder Gravitationswellen. Sozusagen Kräuselungen der Raumzeit. Sie entstehen jedes Mal, wenn sich das Schwarze Loch eine neue Masse einverleibt.« Andy freute sich sichtlich über die Wellen. Klar, er brauchte die Daten für seine Weltformel-Theorie.

Inzwischen hatte Emmy den Kampf gegen die Schwerkraft aufgeben müssen. Ihr Sturzflug zum Horizont hatte begonnen. Die Laserpulse veränderten ihre Farbe immer schneller, wurden erst hellrot, dann tiefrot. Sie sahen, wie das Schwarze Loch die Sonde dehnte, wie sie immer länger und länger wurde.

»Die Gezeitenkräfte verstärken sich dort unten so schnell, dass der Zug am Heck der Sonde viel stärker ist als am Bug«, knurrte Andy. »Emmy wird sozusagen zu Spaghetti verarbeitet. Irgendwann zerreißt es sie einfach, bis nur noch einzelne Elementarteilchen von ihr übrig sind ...«

Miri sog erschroken die Luft ein: »O je, nur gut, dass niemand an Bord ist«, sagte sie.

Andy nickte. Er nahm die Augen nicht von den Messgeräten. »Wunderbar, sie sendet immer noch! Hat sich gelohnt, sie zu opfern. Diese Daten sind unersetzlich!«

Inzwischen dauerte es Minuten, bis wieder einmal ein Lichtsignal kam.

»Die Gravitationskraft am Horizont ist so groß, dass die Zeit für Beobachter wie uns unendlich gedehnt wird«, erklärte Andy. »Es scheint so, als ob die Zeit dort stehen bliebe und Emmy den Horizont niemals überquerte.«

»Tja, Emmy sieht das anders, oder?«, meinte Miri.

»Righto. Für sie vergeht die Zeit nach wie vor gleich schnell.«

»Macht, glaube ich, keinen großen Unterschied.« Jan beobachtete das letzte kläglich tiefrote Flackern von Emmys Laser. Dann war es vorbei.

»Was passiert jetzt mit dem armen Ding?«, fragte Jan gespannt. »Wenn sie ins Schwarze Loch hineinfällt?«

»Es macht einmal ›haps‹, und weg ist sie«, scherzte Andy. »Nein, im Ernst, das Schwarze Loch verleibt sich ihre Masse ein und wird dadurch fetter – und seine Anziehungskraft wird noch stärker.« Er stand auf und ging hinüber zu einem großen Display, das im Raum schwebte. »Du kannst dir vorstellen, was passiert, wenn ganze Sterne und Planeten hineinfallen.« Andy stutzte. »Gigashit, jetzt haben wir doch glatt diesen kleinen Planeten verg...«

In diesem Moment traf sie ein zweiter Schub Gravitationswellen. Viel stärker als bei der Sonde. Jan schrie auf. Wie hatten sie nur den Asteroiden vergessen können, der ebenfalls auf das Schwarze Loch zusteuerte? Das Schiff schüttelte sich, bockte wie ein Mustang, als die Wellen den Weltraum erzittern ließen. Speichereinheiten und Behälter wurden durchs Cockpit gewirbelt, die Displays zitterten und lösten sich in bunte Schlieren auf. Andy versuchte sich festzuhalten, glitt aus, fiel.

Er stand auch nicht auf, als die *Magellanus* wieder zur Ruhe gekommen war.

»Scheiße, er hat sich verletzt!« Miri sprang auf und rannte dorthin, wo Andy lag. Bestürzt knieten sie und Jan sich neben den Captain. Jan tastete nach der Ader an seinem Hals, um den Puls zu finden.

»Schlägt noch«, stellte Jan erleichtert fest. »Er hat sich wahrscheinlich den Kopf angehauen und ist ohnmächtig.«

Miri fummelte an ihrem Anhänger herum, wie immer wenn sie nervös war. »Wir wissen nicht mal, ob es an Bord einen Erste-Hilfe-Kasten gibt!«

»Wahrscheinlich schon, aber er wird nicht so aussehen, wie man sich einen

Erste-Hilfe-Kasten vorstellt. Bringen wir ihn am besten erst mal in seine Kabine!«

»Blödsinn, er wacht bestimmt gleich auf. Ohnmächtig ist man meist nicht lange«, sagte Miri. »Hol lieber kaltes Wasser, wir könnten ihm ein feuchtes Tuch auf die Stirn legen oder so was. Ich bleibe bei ihm.«

Jan rannte los, in Richtung Bordküche. Als er mit einem nasskalten Lappen zurückkam, hatte Miri dem Captain schon eine Art Decke unter den Kopf gelegt, die sie im Cockpit gefunden hatte. Sie versuchte ihn, so gut es ging, festzuhalten, als die nächsten Gravitationswellen das Schiff beutelten. »Zum Glück werden sie jetzt immer schwächer«, keuchte Jan.

Auch das kalte Wasser schaffte es nicht, Andy wieder zu Bewusstsein zu bringen.

»Tja, was machen wir jetzt?« Jan war ratlos.

»Bringen wir ihn doch besser in seinen Kokon ...«

Eine Viertelstunde später hatten sie Andy in seine Kabine getragen und ins Bett gepackt. Jan wischte sich den Schweiß von der Stirn. »Das ist schon das zweite Mal, dass wir ihn hierher schleppen müssen.«

»Aber diesmal kann er wirklich nichts dafür«, verteidigte ihn Miri. »Wenn diese blöden Gravitationswellen nicht gewesen wären ... ich hab dabei ein paar blaue Flecken abbekommen ...«

»Gerda ist auch umgefallen«, bemerkte Jan. »Ich werd versuchen, sie wieder hinzustellen. Wäre dumm, wenn sie sich einen Tentakel quetscht.«

In diesem Moment schrillten schon wieder die Sirenen durchs Schiff. Alarmiert sahen sich Jan und Miri an. »Was ist denn jetzt schon wieder los?«, stöhnte Miri. »Vielleicht ist irgendetwas kaputtgegangen bei dem Gerüttel vorhin.«

Sonst war es immer Miri, die in solchen Situationen alles in die Hand nahm. Doch diesmal zögerte sie. Jan spürte, dass sie bei Andy bleiben wollte. »Ich gehe im Cockpit nachschauen«, sagte er und rannte los. Sein Herz hämmerte. Als er in die Kanzel kam, sah er sofort, dass die Displays sich inzwischen wieder erholt hatten. Und auf einen Blick erkannte er auf ihnen, was den Alarm ausgelöst hatte. Ihre Umlaufbahn um das Schwarze Loch war in den letzten Minuten immer enger geworden. Das Ding versuchte sie zu sich hinabzuziehen! Jan stöhnte, als ihm klar wurde, was geschehen war. Als der kleine Planet verschlungen worden war, war die Anziehungskraft von Giga Sagittarius stärker geworden. Was vorher ein stabiler Orbit gewesen war, führte nun geradewegs in den Abgrund! Sie hatten es nicht gemerkt, weil sie mit dem Captain beschäftigt gewesen waren ...

Wo zum Geier war die Fernbedienung des Tunnels? Vergeblich sah sich Jan nach dem kleinen Gerät um, das sie in Sicherheit bringen konnte. So ein Mist! Im Chaos des Alarms war es irgendwo hingerutscht. Oder Andy hatte es noch. Jan wusste, dass er jetzt keine Zeit hatte, das Ding zu suchen. Er erinnerte sich daran, wie schnell und stark die Gravitation in der Nähe des Schwarzen Lochs zunahm. Er hoffte, dass es noch nicht zu spät war. »Pi, bring uns auf einen Kurs, der direkt vom Schwarzen Loch wegführt! Schnell!«

»Aber gerne«, sagte Pi.

Es schien, als hätten sie gerade noch rechtzeitig reagiert. Die *Magellanus* kämpfte sich langsam weg von dem unheimlichen Trichter im All. Sehr, sehr langsam, wie ein Boot, das in einem reißenden Fluss gegen den Strom fährt. Aber sie kam voran.

Miri tauchte im Cockpit auf. »Andy wacht langsam auf. Aber so richtig klar im Kopf ist er noch nicht. Hier alles in Ordnung?«

»Hm, halbwegs«, sagte Jan. »Wir sind leider ziemlich nahe ans Schwarze Loch herangedriftet. Und ich kann die Fernsteuerung des Tunnels nicht finden, das blöde Ding ist weg.«

»Ach du große Scheiße!«

»Wir werden's schon schaffen. Ich habe Pi auf Gegenkurs gehen lassen.« Jan beobachtete die Skala, auf der der Energie-Level des Reaktors angezeigt wurde. Der grüne Balken zeigte auf beruhigende 90 Prozent. Halt durch, dachte Jan. Halt durch!

Er hielt nicht durch. Gerade als die *Magellanus* wieder ein bisschen Fahrt gewann, sank die Energie ganz plötzlich ab. Ein »Hicks« im System, wie sie es auf Alpuri erlebt hatten. Es dauerte nur ein paar Sekunden. Aber das reichte. Die *Magellanus* verlor die Geschwindigkeit, die sie sich mühsam erarbeitet hatte. Dann begann sie übers Heck abzudriften – direkt auf das Schwarze Loch zu.

Gefährliche Heimkehr

Das Schicksal des Universums

»Voller Schub!«, brüllte Jan. Er musste daran denken, was mit der Sonde passiert war.

»Mach ich doch schon!«, schrie Pi ganz undamenhaft zurück.

Auf wackligen Beinen erschien Andy in der Cockpitschleuse, ein Kühlpad an die Stirn gedrückt. Er erfasste sofort, was los war, und stürzte zum Kommandopult. »Pi, chemische Triebwerke zuschalten!«

Die chemischen Triebwerke, die sie auf dem Eisplaneten benutzt hatten! Jan hatte sie komplett vergessen.

Ihre Geschwindigkeit war jetzt genau null. Obwohl die zusätzlichen Triebwerke der *Magellanus* brüllten und fauchten, schwebte das Schiff bewegungslos im Raum. Dann zeigten die Displays an, dass sie langsam vorankamen. Plus nullkommafünf. Plus eins. Plus drei. Sie machten wieder Fahrt.

»Noch so ein Aussetzer, und wir sind erledigt«, sagte Andy. Er war sehr blass.

Doch diesmal hatten sie Glück. Eine Stunde später waren sie aus der Gefahrenzone heraus. Andy seufzte erleichtert und bugsierte Gerda geschickt wieder auf ihren Platz, ohne sie anzufassen. »Armes Ding!«

Jan fühlte sich erschöpft und ausgelaugt. Den anderen schien es nicht besser zu gehen, denn Andy schlug vor: »Okay. Essen wir erst einmal was und legen wir uns aufs Ohr. Bis dahin müsste sich das Schiff von der Strapaze erholt haben, und wir können uns auf den Rückweg nach Alpuri machen.«

Gierig schlangen sie ihre Rationen in sich hinein. Ab und zu musterte Miri den Captain besorgt. »Alles okay mit dir, was macht der Kopf?«

»Er brummt«, sagte Andy und schaffte schon wieder ein Grinsen. »Ach übrigens: Danke. Ohne euch wäre ich jetzt nur noch eine traurige Anekdote, die man sich im Café Andromeda erzählt. War eine slicke Idee, euch mitzunehmen.«

»Kein Problem«, sagte Jan verlegen. »Ich hatte nicht viel Lust, herauszufinden, ob man auf der anderen Seite wirklich von einem Weißen Loch wieder ausgespuckt wird ...«

Er fühlte sich ein bisschen zittrig, aber auch stolz. Sonst war es immer Miri, die alles in die Hand nahm, und er selbst war eben der Tüftler und Träumer, den keiner so richtig ernst nahm. Aber diesmal hatte er nicht einmal daran gedacht, nach ihr zu rufen. Ein paar Minuten lang hatte er, Jan, das Schiff befehligt. Richtig befehligt ... und wenn dieser Defekt nicht gewesen wäre, hätte er die *Magellanus* gerettet. Er und sonst niemand.

Glücklich kroch er in seinen Kokon und schloss die Augen. Er öffnete sie erst wieder, als eine Lautsprecherdurchsage durch die Kabine plärrte. »Hey Scouts, wir sind jetzt bereit für den Sprung zurück zur Station. Alle Mann und Frau auf die Brücke!«

»Ähhh ... ein paar Stunden länger hätte er uns schon schlafen lassen können«, ätzte Miri und blinzelte widerwillig ins Licht.

»Sei froh, dass er die Tunnelkonsole wiedergefunden hat«, schoss Jan zurück und wuchtete sich aus seinem Kokon heraus.

Als sie zurück waren auf Alpuri, führte ihr erster Weg ins Café Andromeda. Dort schwebten schon Jaromir und Ben Rezak an der Bar und begrüßten sie mit einem herzlichen Grinsen. Das Tierchen auf der Schulter des Biologen schlug einen Salto in der Luft und quiekte, als es sie wiedererkannte.

»Na, ihr drei?«, lachte der fette Bordingenieur. »Ihr seid ja so blass wie ein Astro, der ein Jahr lang die Sonne nicht gesehen hat. Was habt ihr denn erlebt mit dem platzenden Sternchen?«

»Erzähl du«, bot Andy Jan an. »Schließlich war ich in den spannendsten Momenten bewusstlos ... ich gehe uns inzwischen was zu trinken holen.«

Jan ließ sich nicht lange bitten. Als er fertig berichtet hatte, staunten die beiden Männer ihn und Miri an.

»Tork! Ich hätte nicht gedacht, dass man so etwas Deffiges überleben kann«, sagte Jaromir.

»Warst du auch schon mal bei einem Schwarzen Loch, Jaromir?«

»Na klar! Es war riesig. Ein richtiger Brummer. Ich dachte, es ist aus mit mir, als ich auf dem Weg nach Ursa Minor Beta auf dieses Ding stieß.«

Miri und Jan sahen sich an und grinsten. Sie wussten ja jetzt, dass es in Horizontnähe eines Schwarzen Lochs umso gefährlicher ist, je kleiner es ist.

»Wie bist du wieder davon weggekommen?«, fragte Miri. Sie amüsierte sich blendend. »Hast du es so lange gefüttert, bis es dich hat gehen lassen?«

»Ach was! So ein Ding würde dir ja die Haare vom Kopf fressen. Und dann den Kopf gleich dazu.« Jaromir kippte sich den Rest seines Drinks in den Rachen. »Nein, ich habe einfach schnell genug Leine gezogen. Na ja, ich bin je-

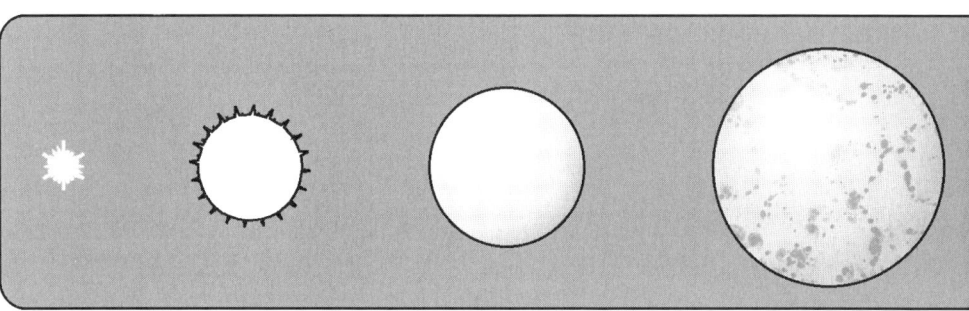

denfalls mal gespannt, ob Dillitzer bei seinem großen Coup genauso viel Glück hat wie ihr bei eurem Sternenspektakel.«

»Was für ein großer Coup?« Andy, der gerade mit drei Kugeln voll knallgelber Flüssigkeit in den Händen zurückgekehrt war, horchte auf. »Weiß man inzwischen, was er vorhat?«

Diesmal war es Rezak, der antwortete. »Es gibt Gerüchte. Sie sind allerdings ziemlich schwer zu glauben. Man sagt, er will mithilfe des Tunnels zum Moment des Urknalls zurückfliegen. Damit er mit diesen Daten endlich seine verdammte Weltformel aufstellen kann.«

Andys Mund blieb offen stehen. »No-go. Das kann ich wirklich nicht glauben. So lebensmüde ist nicht mal ein Negg wie Dillitzer. Aber irgendetwas hat er vor. Es kam mir gleich komisch vor, dass er beim Kollaps des Sterns nicht mit uns in der ersten Reihe war.«

»Das mit dem Urknall könnte aber stimmen«, mischte sich Jan ein. »Bei der Diskussion mit dieser seltsamen Moderatorin ist er zusammengezuckt, als du vom Urknall geredet hast!«

»... und dass der Tunnel auch eine Zeitmaschine ist, wissen wir längst.« Andy wirkte beunruhigt. »Aber der Urknall ist, wenn es ihn wirklich gegeben hat, 15 Milliarden Jahre her. Es müsste unglaublich viel Energie kosten, bis dorthin zu fliegen – oder auch nur in die Nähe! Kann mir gar nicht vorstellen, wo er die herholen will. So viel gibt sein Kraftwerk nicht her.«

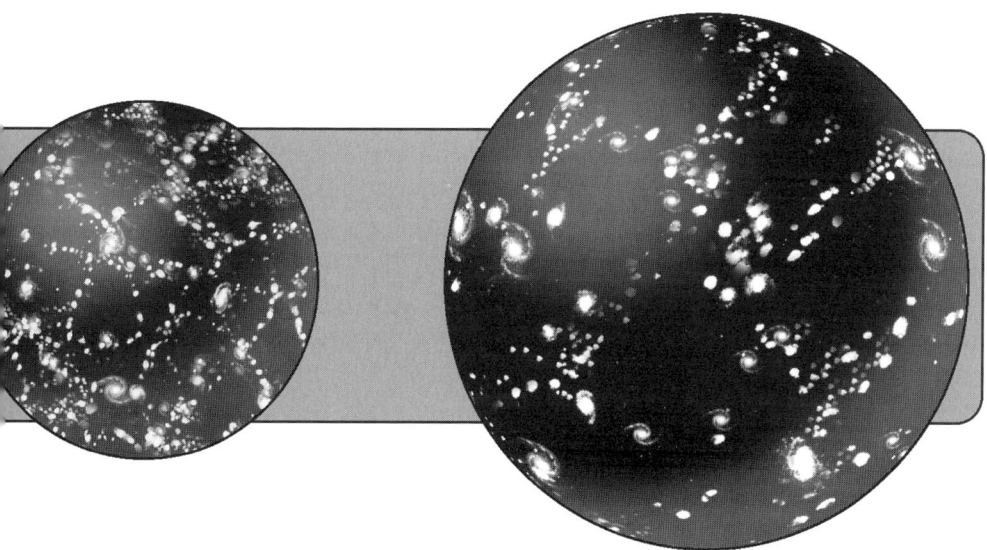

»Ich dachte, das sei längst bewiesen – das mit dem Urknall?«, wunderte sich Jan.

»Zumindest sind die Beweise sehr überzeugend«, beruhigte ihn Andy. »Man ist zum ersten Mal im 20. Jahrhundert darauf gekommen. Als der Astronom Edwin Hubble entdeckt hat, dass das Licht aller anderen Galaxien, die wir von der Erde aus beobachten können, rotverschoben ist. Nach dem Dopplereffekt heißt das, dass sie von uns wegfliegen. Aber das kann nur sein, wenn das Universum sich ausdehnt und nicht statisch ist, wie man bisher dachte!«

Miri zog die Augenbrauen hoch. »Aber wie kann denn das sein, dass alle von uns wegfliegen? Wir sind schließlich nicht der Mittelpunkt des Universums!«

»Stell dir mal einen Luftballon vor, auf dessen Oberfläche man ganz viele Punkte gezeichnet hat, die Galaxien. Wenn man den Ballon aufbläst, bewegt sich von jeder Galaxie aus gesehen alles andere von ihr weg.« Andy tat so, als würde er in einen Ballon pusten. »Na ja, was ich sagen wollte: Wenn man diese Ausdehnung zurückrechnet, dann müsste das Universum aus einem unendlich dichten und heißen Punkt begonnen haben. Theoretisch. Es war eben noch nie jemand dort, wir haben nur indirekte Beweise dafür.«

»Und das Gegenteil vom Urknall ist der Big Crunch – das ist der Moment, wenn der deffige Ballon platzt«, behauptete Jaromir. Jan entschied, ihm nicht zu glauben, und befragte seine Datenbrille.

Das Universum wird in einem **Big Crunch** (»großen Kollaps«) enden, so vermuten manche Wissenschaftler. Wenn die Dichte des Universums ausreichend groß ist, dann endet die Ausdehnung irgendwann, und die Schwerkraft zieht es wieder zusammen. Vielleicht geht dann alles wieder von vorne los, und es gibt einen neuen »Big Bang« (»Urknall«)? Da man nicht weiß, ob es jenseits unseres Universums etwas gibt, kann man darüber lange spekulieren. Vielleicht ist unser Universum nur eine Art Blase unter vielen anderen? Eine Blase, in der zufällig optimale Bedingungen für die Entstehung von Leben herrschen? Es ist aber auch gut möglich, dass es keinen Big Crunch gibt – vielleicht erkaltet das Universum auch nur und verdunkelt sich langsam, weil die Sonnen allmählich verlöschen.

Miri überlegte. »Moment mal, wenn Dillitzer wirklich zum Urknall fliegen will, muss sein Schiff ja eine ungeheuere Hitze aushalten können!«

»Ich habe keine Ahnung, ob die gängigen Abschirmungen ein Schiff vor so etwas schützen können«, überlegte Andy. »Da habe ich meine Zweifel. Vielleicht hat er sein Schiff irgendwie nachgerüstet.«

Jan dachte immer noch über den Big Crunch nach. »Sag mal, Andy, meine Brille behauptet, dass das Schicksal des Universums von seiner Masse und Dichte abhängt. Weiß man denn, wie schwer das Universum ist – oder eher, wie dicht gepackt?«

»Nicht genau. Das Problem ist, dass längst nicht die ganze Masse so nett auf sich aufmerksam macht wie Sterne. Man hat festgestellt, dass der Weltraum zwischen den Sternen nicht leer ist, sondern dass es auch eine riesige Menge Dunkle Materie dort gibt – sie macht je nach Theorie bis zu 90 Prozent der gesamten Masse des Universums aus!«

»Hä?«, sagte Miri.

Andy ließ sich nicht unterbrechen. »Man sieht sie nicht. Aber es ist so viel, dass sie die Bewegung der Spiralgalaxien deutlich beeinflusst. Woraus sie besteht, weiß man noch nicht – möglicherweise spielen Neutrinos eine Rolle. Ihr wisst schon, diesen frizzigen, fast masselosen Teilchen, die durch Materie hindurchsausen, als wäre sie gar nicht vorhanden.«

»Wow«, sagte Jan.

»Was war eigentlich in der Zeit vor dem Urknall so los?«, fragte Miri neugierig.

»Nichts!« Andy grinste. »Es gab keine Zeit vor dem Urknall. Mit ihm hat die Zeit erst begonnen. Ich weiß, das klingt verdammt seltsam. Aber bis wir es besser wissen, ist das die Basis, von der wir ausgehen.«

»E pai ana«, sagte Miri. »Danke. Fühle mich gleich schlauer.«

Ungeduldig hatte Jaromir während Andys Erklärungen seinen Drink von sich wegdriften lassen und wieder eingefangen. Jetzt meldete er sich wieder zu Wort. »Noch mal zurück zur Energie, die man für den Flug braucht. Angeblich will dieser Negg Dillitzer dafür die Sonne anzapfen, ihr Plasma entziehen wie so 'ner verdammten Raumschifftankstelle. Schadet das dem guten alten Glühball nicht irgendwie?«

Sie alle blickten Andy an. Schließlich war er Astrophysiker. »Es würde vermutlich ihren Zyklus stören«, sagte Andy nachdenklich und strich sich durch die ungebändigten rotbraunen Haare. »Man kann nicht einfach so mit einem Stern herumpfuschen, das wäre ja ....«

In diesem Moment öffnete sich die Schleuse des Café Andromeda zischend. Jan drehte sich um – er war immer gespannt darauf, was für neue, seltsame Gäste eintrafen. Doch diesmal erschrak er: Ein halbes Dutzend bewaffneter Uniformierter in schwarzen Overalls quoll aus der Schleuse! Sie stießen sich von der Wand ab und schossen mit grimmigen Gesichtern genau auf Andy, Miri und ihn zu.

Dillitzers großer Coup
Der Urknall

Verblüfft sahen Jan und die anderen die Uniformierten kommen.

»Was wollen denn die Blackys hier?«, wunderte sich Jaromir. »Die müssen doch wissen, dass sie Ärger kriegen, wenn sie hier herumstänkern!«

Sekunden später hatte er die Antwort. Die Männer und Frauen in Schwarz umringten den erstaunten Andy. Einer von ihnen, ein Mann mit zwei roten Sternen auf der Schulter, raunzte: »Ich verhafte Sie im Namen der United Galaxy Alliance wegen gefährlichen Eingriffs in den Raumverkehr und Täuschung der Obrigkeit.«

Oh Scheiße, dachte Jan. Andys Trick! Die wissen, dass er damals die Raumstation hat verlegen lassen! Doch was Jan und Miri mit der ganzen Sache zu tun gehabt hatten, schienen die Raumpolizisten nicht zu wissen. Sie achteten nicht auf die beiden Jugendlichen.

»Moment mal«, protestierte Andy. »Was soll das? Haben Sie Beweise dafür?«

»Professor Dillitzer hat Zeugen ausfindig gemacht, die eindeutig belegen, dass Sie schuld an einem Zwischenfall auf Alpuri waren, Captain Zero. Also leisten Sie keinen Widerstand und kommen Sie mit.«

Jan sah, dass die Raumpolizisten bewaffnet waren. Sie hielten kurze Metallstäbe bereit, die wahrscheinlich Elektroschocker oder etwas in der Art waren. Der Kommandierende hatte außerdem zwei silberne Bänder in der Hand, die Handschellen sein konnten. Die wollen Andy wirklich ernsthaft in den Knast bringen! Und das nur, weil er sie damals gerettet hatte! Jan war bestürzt.

Nicht nur er. Inzwischen hatten sich zwei Dutzend Gäste und sogar ein Eri um die kleine Szene geschart und hörten gespannt zu. Auf vielen Gesichtern sah Jan Ärger und Trotz. Besonders beliebt waren die Blackys hier offensichtlich nicht – im Gegensatz zu Andy.

»Also los, her mit den Flossen, Zero«, sagte der Raumpolizist und griff nach Andy, um ihm die silbernen Bänder anzulegen.

In diesem Moment handelte Jaromir. Brüllend wie ein wütender Bär katapultierte er sich den Uniformierten entgegen und prallte mit ihnen zusammen. Drinks, Menschen und Außerirdische flogen durch die Gegend und wedelten in der Schwerelosigkeit hilflos mit Armen und Tentakeln. Ein paar andere Gäste stürzten sich begeistert in den Kampf, und Momente später rotierte mitten im Café ein verschlungenes Knäuel aus Armen und Beinen in der Luft, aus dem ab und zu blaue Leuchtbögen aus den Elektroschockern aufbrizzelten und Schreie ertönten.

Andy erkannte seine Chance sofort. »Los, wir revven ab«, zischte er Jan und Miri zu. Schnell und geschmeidig glitt er zum Ausgang und federte mit einer Rolle an der Wand ab. Jan und Miri folgten ihm, so gut es ging. Sie drängten sich in die Schleuse und purzelten in die Gänge der Station. Dann rannten sie so schnell sie konnten zu den Docks.

»Aber kriegst du dann nicht noch mehr Ärger?«, keuchte Jan und hielt mit Andy Schritt.

»Kann sein. Aber erst später.« Hastig gab Andy den Sicherheitscode ein und ließ die Außentür der *Magellanus* auffahren. »Ich tue Dillitzer nicht den Gefallen und lasse mich gerade jetzt, vor seinem großen Coup, aus dem Verkehr ziehen.«

Doch als sie von Alpuri ablegten, folgte schon die nächste unangenehme Überraschung. Wie damals hatte Dillitzers Schiff, die *Stingray*, neben ihnen angedockt. Und was noch schlimmer war – Jan sah, dass die *Stingray* gerade ebenfalls abhob!

»Was für ein mieses Timing«, schimpfte Andy und setzte sich den Steuer-Helm auf, um die *Magellanus* per Hand von der Station und seinem Erzfeind wegzumanövrieren. In diesem Moment sah Jan, wie ein schwaches violettes Glühen über die Luken spielte, das mit jeder Sekunde stärker wurde. Fragend wandte er sich an Miri. »Hat Andy den Tunnel aktiviert?«

»Kann nicht sein!« Miri deutete auf die Fernbedienung des Tunnels, die ein paar Meter weiter auf einem Stapel Datenträger lag.

Andy riss sich den Helm wieder herunter und starrte entgeistert auf sein Steuerpult. »Pi, was geht hier vor? Woher kommt die Energie?«

»Das Schiff neben uns hat seinen Tunnel eingeschaltet, wir sind in seinem Kraftfeld.« Die Computerstimme schaffte es irgendwie, beunruhigt zu klingen.

»Was denkt sich dieser Mistkerl eigentlich dabei, den Tunnel so nah bei Alpuri einzusetzen?«, knurrte Andy. »Und so ein großes Feld habe ich auch noch nie gesehen, der hat ja eine gigantische Energie. Wenn wir nicht aufpassen, werden wir mitge...«

Jan fühlte, wie sein Magen einen Satz machte, sein Körper ins Unendliche zu stürzen schien. Er kannte dieses Gefühl von den vielen Tunnelreisen her. Doch diesmal schrie er auf. Wie beim ersten Mal waren sie versehentlich unterwegs. Hatte Dillitzer das mit Absicht gemacht? Oder wusste er vielleicht noch nicht einmal, dass sie unfreiwillig an ihm klebten?

Als es wieder hell wurde, war das Cockpit in ein eigentümliches Licht getaucht. Es kam von draußen.

»Was ist das?«, flüsterte Miri.

Sie spähten durch die Luken. Jan sah viele helle Wolken – das ganze Universum sah aus wie ein glühender Nebel.

»Gaswolken. Aus ihnen bilden sich nach und nach durch die Schwerkraft der zusammengeballten Gase die Sterne«, sagte Andy fasziniert. »Wisst ihr, was das bedeutet? Dieser Negg hat es wirklich geschafft, ein riesiges Stück in die Vergangenheit zu reisen. So wie hier muss es eine Milliarde Jahre nach dem Urknall ausgesehen haben.«

»Was passiert da draußen?«

»Erst jetzt bilden sich in der ersten Sternengeneration schwere Elemente wie Sauerstoff und Kohlenstoff. Zu Anfang gab's nur Helium und Wasserstoff, die kleine und leichte Atomkerne haben.«

Jan erinnerte sich daran, dass ihm das schon die Datenbrille erzählt hatte. »Dann sind wir ja noch ein ganzes Stück vom Urknall entfernt.« Er war fast ein bisschen enttäuscht.

»Ja, und das ist auch gut so«, betonte der Captain. »Du glaubst doch nicht im Ernst, dass unser Schiff es aushalten würde, da hineinzugeraten? Tork! Dillitzer mag seine *Stingray* mit stärkeren Abschirmungen nachgerüstet haben, aber die *Magellanus* ...«

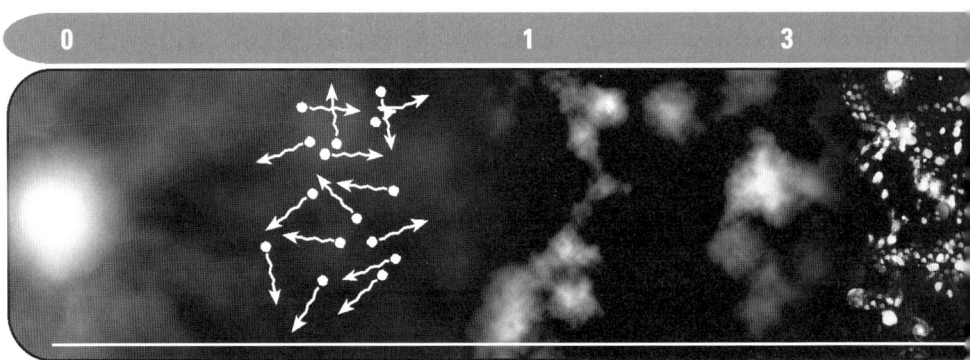

»Ich kann sein Schiff sehen! Es fliegt neben uns!«, rief Miri. Tatsächlich, da war das flunderförmige Schiff des Professors.

»Dem werde ich was erzählen.« Andy blickte grimmig drein. »Pi, schalt mir einen Sprachkanal frei und versuch, die *Stingray* zu erreichen!«

Es rauschte und knackte im Funk; kurz darauf hörten sie Dillitzers ärgerliche Stimme. »Was zum Gamma-Schauer machen Sie hier, Zero?«

»Das wollte ich Sie auch gerade fragen!«, bellte Andy zurück. »Wir sind von Ihrem Tunnel mitgezogen worden! Kehren Sie sofort um, und liefern Sie uns wieder in Alpuri ab – wir haben nicht genug Energie, um es aus eigener Kraft zurück zu schaffen!«

»Kommt gar nicht infrage. Dann müsste ich das Experiment abbrechen. Versuchen Sie doch selbst, zurückzukommen.«

Andy war kurz davor, mit den Zähnen zu knirschen. »Sie deffiger ...«

»Sparen Sie sich die dummen Bemerkungen«, sagte Dillitzer kühl. »Machen Sie sich besser bereit für den nächsten Sprung, und seien Sie froh, dass wir Sie nicht hier lassen. Ihre Aktionen sind so minus, dass Sie eigentlich in Arrest gehören.« Schon begann das violette Licht wieder über ihre Luken zu tanzen.

»Pi, volle Energie auf die Abschirmungen!«, hörte Jan Andy gerade noch brüllen, dann wurde es dunkel um sie herum. Aber nur kurz. Jan und Miri krochen zu den Lukenfenstern.

Diesmal schien dichter Nebel zwischen den beiden Schiffen zu liegen, sie konnten die *Stingray* durch das unheimliche orangefarbene Wabern kaum noch erkennen.

Besorgt überprüfte Andy, ob die Abschirmungen hielten. »Pi, wie hoch ist die Materiedichte da draußen?«

Pi spuckte eine Zahl aus. Andys Gesichtsausdruck nach war sie ganz schön

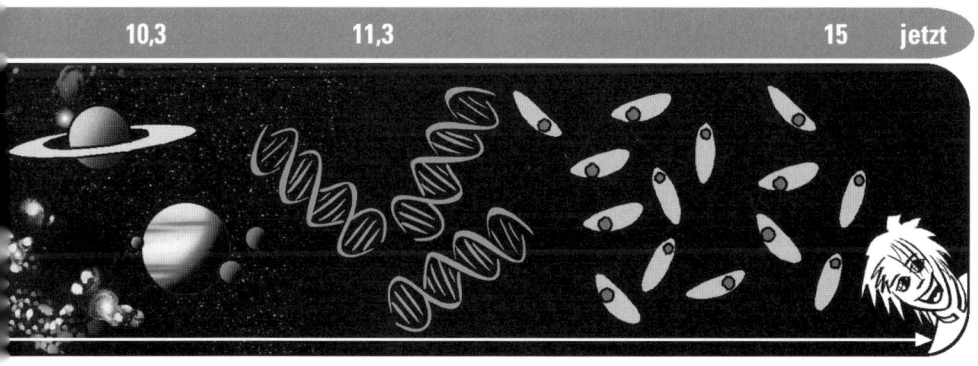

hoch. »Wir müssten ungefähr bei 300 000 Jahren nach dem Urknall sein«, sagte er. »Langsam wird das Universum durchsichtig, weil die Materie immer weiter auseinander stiebt. Weil sich das Licht nicht mehr dauernd an irgendwelchen herumrevvenden Elektronen streut, kann sich's zum ersten Mal ausbreiten.«

»Ist es heiß da draußen?«, fragte Jan.

»Und ob. Einige Tausend Grad – so viel wie im Inneren eines Sterns.«

Beeindruckt schwiegen Jan und Miri. Jan machte sich Gedanken darüber, ob Dillitzer wirklich vorhatte, noch weiter zurück in die Vergangenheit zu fliegen. Das war kein faszinierendes Spiel mehr. Wenn es draußen noch heißer wurde, würden sie verglühen!

»Da draußen in dieser Suppe bilden sich übrigens gerade die ersten Atome«, sagte Andy resigniert. »Zu Anfang sind die Elektronen so wild herumgezischt, dass die Protonen und Neutronen des Kerns sie nicht einfangen konnten. Aber bei diesen Temperaturen geht es.«

»Gab es am Anfang denn schon alle Teilch…«

»Nicht schon wieder!«, stöhnte Miri. Sie hatte als Erste gesehen, dass sich wieder das violette Licht ankündigte. »Sollen wir Raumanzüge anziehen?!«

»Das bringt etwa so viel wie ein Stück Papier gegen einen starken Laserstrahl. Dillitzer muss wahnsinnig sein!«

Sie sprangen durch die Zeit. Andy, Jan und Miri starrten entsetzt nach draußen. Um sie herum war nichts mehr zu sehen. Nur tiefe, unheimliche Dunkelheit.

»Es gibt keine freien Photonen mehr – das heißt, man sieht nichts«, flüsterte Andy.

Alarmsirenen kreischten durchs Schiff, als die Bordinstrumente die Messwerte von draußen auswerteten.

»Temperatur ist eine Milliarde Grad, die Strahlung ist extrem!«, meldete Pi.

Gigashit!, dachte Jan.

»Materie und Strahlung sind in dieser Zeit noch eins.« Andys Stimme klang heiser. »Das bedeutet, der Urknall ist erst ein paar Minuten her. Alles fliegt mit enormer Geschwindigkeit in alle Richtungen auseinander.«

Sprachlos starrten Jan und Miri nach draußen.

»Ich weiß nicht, wie lange die Abschirmungen das aushalten!«, schrie Andy. »Höchstens ein paar Minuten, unser Kraftwerk läuft schon auf 95 Prozent! Wir müssen noch mal versuchen, Dillitzer zu erreichen. Wenn wir es nicht schaffen, ihn zur Rückkehr zu überreden, sind wir verloren.«

Verzweifelt versuchte er, eine Verbindung zu bekommen. Aber nur Bruchstücke kamen durch. »Fliegen weiter ... großer Moment in der Geschichte der Menschheit ...«.

»Kommen Sie mit zurück, Sie Idiot!«, brüllte der Captain, doch der Kontakt war schon wieder abgerissen.

»Es hat keinen Sinn«, sagte Andy, plötzlich wieder ruhig. »Er ist entschlossen, bis zum Urknall zu kommen. Zum Anfang der Zeit. Wir haben nur eine Chance, Scouts – wir müssen versuchen, unseren Tunnel zu aktivieren und uns von seinem Schiff zu lösen.«

»Wie sieht's denn noch näher beim Urknall aus?«, fragte Jan, obwohl er gar nicht sicher war, ob er das jetzt wissen wollte. Da Andy damit beschäftigt war, eine Lösung zu suchen, antwortete Pi mit rücksichtsvoll gedämpfter Stimme.

»Noch ein paar Milliarden Grad heißer. In den allerersten Sekundenbruchteilen, als alles mit großer Wucht auseinander flog, herrschten ganz andere, seltsame physikalische Gesetze, bis sich dann die Naturgesetze bildeten, die heute vorherrschen.«

»Was für Gesetze?« Um sich von seiner Angst abzulenken, betätigte Jan den Auslöser seiner Datenbrille.

Möglicherweise war das Universum am Anfang eine spontan entstandene Raumzeit-Blase. Manche Forscher vermuten, dass damals quantenphysikalische Effekte aufgetreten sind, weil der **Urknall** aus einem winzig kleinen Kern heraus entstand. Es ist aber auch denkbar, dass während jenes Zustands noch viel exotischere Gesetze Gültigkeit hatten. Klassische Theorien, auch die Relativitätstheorie, galten jedenfalls noch nicht.

Man vermutet, dass damals *alle* Kräfte zu einer Urkraft vereint waren, die sich dann später in die vier Kräfte – starke und schwache Wechselwirkung, Elektromagnetische und Gravitationskraft – teilte.

Ungerührt von der Aufregung an Bord redete Pi weiter. »Direkt nach dem Urknall gibt es, soweit man weiß, genauso viel Materie wie Antimaterie, bis sich dann doch die Materie durchsetzt. Zuerst gibt es vor allem ganz leichte Teilchen wie Elektronen, Neutrinos und Quarks, aber schon ein paar Sekundenbruchteile später bilden sich aus den Quarks andere Teilchen wie Protonen und Neutronen ...«

»Schnauze! Ich versuche mich zu konzentrieren!« Nervös bediente Andy die Steuerung des Tunnels. »Ich glaube, ich habe die Lösung. Um uns herum ist so viel Energie. Vielleicht können wir sie mit unserem Kraftwerk anzapfen. Das ist unsere letzte Chance.«

Ohne Kommentar blendete Pi das Display ein, auf dem die Energie des Reaktors angezeigt wurde. »Zapffunktion ein«, befahl Andy. »Manuelle Steuerung. Plasma einsaugen!«

»Das Zeug ist eigentlich zu dünn und zu heiß«, stellte Pi fest und nannte ein paar Zahlen.

»Rein damit! Es muss gehen!«

Auf dem Display ging der Balken nach oben. Rapide. Er schoss über die Skala hinaus. Das Zeug schmilzt uns noch das Schiff ein!, dachte Jan alarmiert.

Angespannt beobachtete Andy das Display. »Noch einen Moment lang ... noch einen ... jetzt! *Tunnel auf Rückkehr*!«

Mit einem gewaltigen Ruck riss sich die *Magellanus* von dem anderen Schiff los und schlingerte davon. Jan und Miri wurden herumgeworfen wie Erbsen in einer Trommel. Dann das violette Licht, so hell und gleißend, dass nicht einmal die Brillen sie davor schützen konnten. Schlagartig stieg die Temperatur im Schiff ...

... und dann war auf einmal alles ruhig.

Mühsam stand Jan auf, sah sich nach seiner Schwester und nach Andy um. Sie stöhnten und rieben sich ihre Prellungen, aber sonst schien es ihnen gut zu gehen. Besorgt spähte Jan nach draußen und atmete auf, als er einen normalen Sternhimmel sah, samtig und tiefschwarz.

»Ich glaube, wir sind zurück«, sagte er und merkte, dass seine Stimme vor Erleichterung bebte. »Aber ich sehe keine Spur von Dillitzer. Er ist weitergeflogen, oder?«

Andy schaltete seinen Hubble-Funkempfänger an, eines der speziellen Funkgeräte im Cockpit, und rief. Doch nur ein leises Rauschen und Knistern ertönte. Fragend blickte Miri ihn an.

»Was ist das für ein Geräusch?«

»Das ist sozusagen das Echo des Urknalls«, sagte Andy abwesend. »Man nennt's kosmische Hintergrundstrahlung. Sie kommt aus der Zeit, als das Universum noch sehr dicht und heiß war, und erreicht uns erst jetzt – als viele harmlose Mikrowellen. Sie sind so schwach, dass ihre Temperatur nur knapp über dem absoluten Nullpunkt liegt.«

»Dillitzer kommt nicht zurück, nicht wahr?«, fragte Miri leise.

»Ich glaube nicht. Dieses eine Mal hat er zu viel gewagt.«

Schweigend, erschüttert kehrten sie zur Raumstation zurück. Von Flucht war keine Rede mehr. Als sie der Stationsleitung auf Alpuri berichteten, was geschehen war, dachte niemand mehr daran, den Haftbefehl gegen Andy durchzusetzen. Statt von Schwarzuniformierten wurden sie nun von einer Meute Berichterstatter bedrängt, die fürs *galaxy.wide.web* einen persönlichen Bericht über Dillitzers letzten Flug von ihnen wollten. Doch Andy gelang das Kunststück, ihnen durch selten benutzte Gänge der Raumstation zu entwischen.

»Ich glaube, wir brauchen erst einmal eine Pause – Pi, flieg uns in irgendeine Richtung, geringste Schubstufe«, seufzte Andy, als sie sich auf die *Magellanus* zurückgestohlen hatten. »Hoffen wir mal, dass uns keiner dieser Journalistenkletten verfolgt ...«

Jan und Miri waren von der Anspannung so erschöpft, dass sie wie tot in ihre Kokons fielen.

Die Klausur

Wozu Physikkenntnisse gut sein können

Als sie aus ihren Schlafkokons krochen und zum Frühstück in die Bordküche gingen, saß dort schon ein übernächtigt aussehender Andy. Rings um ihn herum standen Becher mit Resten von Energiedrinks. Er blickte sie an und musste gleich darauf ein Gähnen unterdrücken.

»Wieso hast du uns nicht geweckt, wir hätten dich doch im Cockpit ablösen können!«, schimpfte Miri. »Hast du dir etwa die Nacht um die Ohren geschlagen?«

»Yep, aber ich war gar nicht müde.« Andy winkte ab und gähnte wieder. »Ich bin die Aufzeichnungen unseres Fluges durchgegangen – ihr wisst schon, den zum Urknall. Tolle Daten. Allerdings werden selbst unsere Quantencomputer Jahre brauchen, um sie zu verarbeiten.«

Andy warf die Becher in die Öffnung des Sculptors, der sie mit einem leisen »scrunch« in ihre Moleküle zerlegte. »Aber ich bin nicht nur wegen der Flugdaten aufgeblieben. Sondern auch wegen euch, Scouts. Ich habe euch ja noch was geschuldet – und es war mir sowieso schrecklich peinlich, dass ich euch so oft in Gefahr gebracht habe. Das mit Dillitzer hätte minus ausgehen können.«

»Geschuldet?«, rätselte Jan.

»Sag bloß, das habt ihr vergessen! Ich habe die ganze Zeit, während ihr hier an Bord wart, versucht, eure deffigen Tunnel-Koordinaten zu rekonstruieren. Ihr wisst schon, die Daten, um euch an genau den gleichen Tag und an den gleichen Ort zurückzubringen.« Triumphierend hielt Andy ein kleines Schreib-Pad mit Berechnungen hoch. »Es war nicht gerade simplo, das kann ich euch sagen. Aber ich hab's geschafft. Ihr könnt wieder heim!«

Jans Gefühle waren gemischt. Endlich heim! Zu Mama und Papa, der Schule, ihren Freunden. Wieder mal *SimCity* spielen, seine E-Mails checken, ein ganz und gar irdisch-durchschnittliches Buch lesen ... Heim, ja, das klang eigentlich gut. Aber nicht so gut, wie er gedacht hatte.

»Beim hüpfenden Neutrino – freut ihr euch denn gar nicht?«, fragte Andy verdutzt.

»Doch. Aber ich glaube, wir werden dich vermissen«, sagte Miri tonlos. »Ich ...«

Wollte sie es ihm jetzt etwa sagen? Dass sie sich in ihn verliebt hatte? Angespannt wartete Jan. Doch seine Schwester schien vorübergehend stumm geworden zu sein. Ist wohl besser so, dachte Jan und meinte: »Es war ... äh, frizzy ... mit dir zu fliegen. Vielen Dank auch. Du weißt schon. Du musstest uns ganz schön viel erklären. Und ich als Physik-Niete war bestimmt nicht der beste Lehrling ...«

»Niete? Blödsinn«, sagte Andy. »Reicht euch das nicht, dass ihr mir einmal das Leben gerettet habt? Außerdem konnte ich die Gesellschaft gebrauchen; es ist nicht gerade toll, sich nur mit Gerda oder Pi zu unterhalten.«

»So, so!«, maulte Pi aus einem verborgenen Lautsprecher.

»Ist schon ein komisches Gefühl, dass wir dich wahrscheinlich nie wiedersehen«, sagte Jan. Er spürte, wie seine Augen feucht wurden.

»Das stimmt.« Auf einmal sah auch Andy niedergeschlagen aus. Abwesend kraulte er Gerda. »Wisst ihr was: Kommt doch einfach einen Tag später – sagen wir um 20 Uhr eurer Ortszeit – wieder in den Park, wo ich euch damals aufgelesen habe! Dann hole ich euch noch mal für ein Stündchen hoch, und du kannst mir erzählen, wie es mit der Physikarbeit gelaufen ist, Jan.«

»Gute Idee!«

Die Rückreise zur Erde schien sehr schnell zu gehen. Viel zu bald mussten sie ihre Datenbrillen zurückgeben und sich verabschieden. Pi hatte den Tunnel schon für die Zeitreise vorbereitet.

»Viel Glück«, sagte Andy. Er lehnte linkisch im Eingang des Experimentalraums und fuhr sich mit der Hand durch das rotbraune Haar. »Ich werde bei den Plejaden ein gutes Wort für euch einlegen.«

»Dir auch viel Glück.« Miri schaffte gerade noch ein Lächeln. »Du wirst es bestimmt schaffen und die Weltformel finden!«

»Vielleicht.« Andy Zero lächelte zurück. »Aber irgendwie ist das jetzt nicht mehr so wichtig. Irgendjemand anders wird Wissenschaftsminister werden. Und ich werde darauf achten, dass in Zukunft niemand auf die Idee kommt, mit eurem Planeten herumzupfuschen.«

Der Experimentalraum mit dem Tunnel kam Jan schon vertraut vor, und auch das violette Licht und das Gefühl zu fallen waren nicht mehr neu. Es war sehr viel seltsamer, auf einmal wieder im Park ihres Heimatorts zu sitzen und das Rauschen der Blätter zu hören. Der Captain hatte sie, wie versprochen, genau wieder zur gleichen Zeit abgesetzt. Es war Abend und dunkel wie im Bauch eines Wals.

»Scheiße, ich weiß nicht mehr, wo meine Taschenlampe ist«, sagte Miri und lachte. Aber richtig fröhlich klang es nicht. »Hast du deine dabei?«

»Ich glaube, die habe ich auf der *Magellanus* vergessen«, meinte Jan. »Außerdem weiß ich gar nicht mehr, wo wir an dem Abend hingehen wollten. Weißt du's noch?«

»Ist doch egal. Gehen wir einfach heim.«

Sie hatten Glück: Kurz darauf trafen sie einen Spaziergänger mit Hund und folgten dem Schein seiner Lampe, bis sie wieder vor dem Haus ihrer Eltern angekommen waren. Wie auf ein geheimes Kommando blieben sie beide stehen und betrachteten es. Seltsam, dachte Jan, wie fremd mir alles vorkommt. Fast wie in Trance schlossen sie auf.

»Na dann, bis nachher«, sagte Miri und ging in ihr Zimmer. Aber nicht schnell genug. Jan bekam noch mit, dass sie heulte.

Als Jan seine Tür öffnete, klickte der Zähler auf 253. Niemand hatte sein Reich in der Zwischenzeit betreten. Aber er war ja auch nicht lange unterwegs gewesen. Oder eine ganze Weile. Je nachdem, aus welcher Perspektive man es betrachtete. Alles ist relativ, dachte Jan und musste grinsen.

Als Jan am nächsten Morgen aufstand, war das seltsame Gefühl, im eigenen Leben fremd zu sein, schon wieder weg. Er schlüpfte in seinen Alltag zurück wie in einen altvertrauten Pullover. Aufstehen. Duschen. Ein paarmal »Morgen« murmeln. Zwei Stück Brot mit Schokocreme. Sein Vater war schon weg, zur Arbeit gegangen.

»Na, aufgeregt?«, fragte Miri und lächelte ihn an.

»Ja«, musste Jan zugeben. »Warum konnte Brilli nicht einfach in einem Schwarzen Loch verschwinden?«

»Lässt sich vielleicht arrangieren. Frag Andy mal.«

»Andy? Ist der in eurer Klasse?«, erkundigte sich ihre Mutter und nippte an ihrem Kaffee.

»Nee – er spielt sozusagen in einer ganz anderen Liga«, sagte Jan und grinste. »Der United Galaxy Alliance.« Wie gerne hätte er ihr etwas von dem erzählt, was sie erlebt hatten! Aber er ahnte, dass das keine besonders gute Idee war. Glauben würde ihnen sowieso niemand.

»Das klingt ja lustig. Ist das ein neuer Club?«

»Sozusagen«, sagte Miri und streute sich ein paar Sesamkörner aufs Bio-Brot. »Wow, das Zeug habe ich wirklich vermisst!«

Ihre Mutter schüttelte den Kopf. »Nachdem du es mal einen halben Tag lang nicht gegessen hast ...«

Jan hörte nicht mehr zu. Er musste an die Wette mit Kevin denken, die ihn seinen Computer kosten konnte. Diese blöde Wette! Während des Fluges mit der *Magellanus* hatte er fast geschafft, den ganzen Mist zu vergessen ...

Auch in der Schule war alles wie immer. Als Jan zum Englisch-Leistungskurs eintraf, blockierte wieder einmal Kevins Clique den halben Gang. Als sie Jan sahen, brach sie in höhnisches Gejohle aus. »He, da kommt der Mann mit dem Puddinggehirn!«

Ganz schön albern, dachte Jan und musste grinsen. Seit er mit Andy geflogen war und supraleitenden Eisplaneten, Schwarzen Löchern, verrückten Wissenschaftlern und aufdringlichen Außerirdischen getrotzt hatte, kam es ihm kindisch vor, wie sich die anderen aufführten. Die Schule war von außen gesehen doch eine ganz schön kleine Welt. »Na, Jungs?«, fragte er zurück. »Habt ihr gestern gesumpft, oder warum seid ihr so grau im Gesicht?«

Kevin blickte ihn an, überrascht davon, dass Jan heute gar nicht zu provozieren war. Nach einer Weile fiel ihm endlich eine Antwort ein. »Geht dich das was an?«

»Nein – genauso wenig, wie euch meine Gehirnsubstanz etwas angeht, mit der ich ansonsten ganz zufrieden bin«, erwiderte Jan freundlich und schlenderte vorbei.

Hinter ihm herrschte Totenstille.

»Den hast du ja locker abgefertigt«, sagte Erik, ein fußballbegeisterter Rotschopf, der wie Jan im Englisch-Leistungskurs war. »Sag mal, irgendjemand hat mir erzählt, dass du *SimCity* spielst ... ich bräuchte da einen Tipp ...«

Jan fachsimpelte mit Erik, bis es Zeit war, zur Physik-Klausur anzutreten. Brilli musterte Jan mit kühlem Blick, während er die Arbeitsblätter austeilte, sagte aber nichts. Jan beachtete ihn nicht. Sein Herz schlug schnell, als er sich die Aufgaben durchlas. Es waren insgesamt fünf. Während er las, wandelte sich seine Nervosität in wilde Freude. »Zeichnen Sie auf, was geschieht, wenn ein Raumschiff sich der Lichtgeschwindigkeit nähert.« Eine Rechenaufgabe zur Zeitdehnung. »Erklären Sie, wie sich die Konzepte von Gravitation und Raum von Newton zu Einstein verändert haben.« Ein Experiment mit Spiegeln und Blitzlampen, in dem es um Gleichzeitigkeit ging. »Berechnen Sie, aus wie viel

Masse bei einer Atombombenexplosion wie viel Energie entsteht.« Das wusste er alles! Das und noch viel mehr. Auch ohne Datenbrille. Jan beugte sich über sein Blatt und begann.

Misstrauisch registrierte Brilli, dass er als einer der Ersten abgab. Selbst Miri brütete noch über ihren Berechnungen. Einen Moment lang dachte Jan, dass ihm eine Durchsuchung nach Spickzetteln blühte, doch Brilli sagte nur: »Da bin ich ja gespannt.«

»Wiedersehen«, sagte Jan, hängte sich den Rucksack über die Schulter und ging auf den Schulhof. Dem Typ gönnte er kein Wort zu viel.

Ein paar Minuten später kam auch Miri nach. »Puh. Geschafft. Und, wie ist es bei dir gelaufen?«

»Ich glaube, mein Computer bleibt mir erhalten. Dank Andy!«
»Nicht nur«, sagte Miri. »Hoffentlich kapierst du jetzt endlich, dass du nicht blöd bist.«

»Ich möchte ihm irgendwas schenken, irgendwas für ihn tun.« Jan überlegte. Was gab es auf der Erde, was Andy Zero nicht innerhalb von Minuten mit seinem Sculptor herstellen konnte?

»Hm, ja. Wir haben uns gar nicht revanchiert für den Ausflug.« Miri überlegte. »Ein paar Instrumente ablesen und ihn nach einer Sauferei oder einem Unfall in die Koje hieven – das hätte zur Not auch einer der Eris hinbekommen.«

»Okay. Überlegen wir uns was.«

Miri nervte so lange, bis Jan sich dazu breitschlagen ließ, schon um Viertel nach sieben loszugehen. Natürlich waren sie eine halbe Stunde zu früh da.

»Jetzt stehen wir hier in der Dunkelheit rum – und alles nur, weil du dich verknallt hast!«, meckerte Jan. Doch anscheinend hatte der Captain irgendwie gemerkt, dass sie da waren. Vor ihnen glänzte das violette Licht.

»Los!«, rief Miri. Jan dachte gerade noch rechtzeitig daran, die Augen zu schließen. Sie hatten ja keine Schutzbrillen mehr.

Als er die Augen wieder öffnete, war er erschüttert. Sie standen nicht an Bord der *Magellanus*. Sondern in einem fremden Gebäude. Nüchterne, weiß gekalkte Wände, Namensschilder an den Türen – es hätte in irgendeiner Behörde sein können.

»O nein«, flüsterte Miri. »Es ist wieder etwas schief gegangen.«

Vorsichtig schlichen sie sich durch die Gänge, um festzustellen, wo sie waren. Miri zog eine schwere Metalltür auf, und sie lugten in eine große Halle, in der Maschinen aufgebaut waren. Ein paar Leute in Jeans und Hemden arbeiteten an ihnen. Auch eine schlanke, dunkelhaarige Frau war unter ihnen, die Jan irgendwie bekannt vorkam.

»In der Zukunft sind wir jedenfalls nicht – die Leute sehen ganz normal aus«, sagte Jan.

Er hatte nicht leise genug gesprochen. Die Frau drehte sich um; ihre Augen weiteten sich, als sie die Zwillinge bemerkte. Dann lächelte sie, schien sich zu freuen. Miri ließ die Tür zufallen, und sie rannten durch den Gang davon. Hastig zogen sie sich in ein leeres Büro in der Nähe ihres Ankunftspunkts zurück.

»Die Frau ... sie ...«, begann Miri.

»Was ist?«, fragte Jan und hob den Ausdruck einer E-Mail auf, der auf dem Tisch herumlag. »Aha, hier ist ein Datum drauf. Wir sind nur 20 Jahre in die Zukunft gereist ... und hier steht auch, wo wir sind: Institut für Zeittunnelforschung!«

»Jan, diese Frau hat einen Anhänger getragen, den ich kenne. Einen Anhänger, den ich gestern Abend erst gebastelt habe. Aus einem Stein, den ich mir von Alpuri mitgebracht habe.«

»Was meinst du damit?« Jan wusste nicht, was er von alldem halten sollte.

»Ich glaube, ich bin mir gerade selbst begegnet.« Miri lachte. Es klang fast entschuldigend. »Meinem zukünftigen Ich. Verrückt, was?«

»Eigentlich nicht«, sagte Jan nachdenklich. »Wieso solltest du nicht Physikerin werden? Lass uns mal die Namensschilder an den Bürotüren checken. Vielleicht bist du dabei.«

Was sie fanden, verschlug ihnen noch einmal die Sprache. Ein paar Büros weiter fanden sie nicht nur einen, sondern zwei bekannte Namen vor. »Prof. Dr. Miri Ellers« stand dort. Und eine Tür weiter: »Dr. Jan Ellers«

Jan holte tief Luft. »Es muss nichts bedeuten. Vielleicht sind wir in einer Parallelwelt gelandet. Wie damals nach der Rückkehr vom Schwarzen Loch.«

Schweigend gingen sie zurück zu ihrem Ankunftspunkt. Und tatsächlich – eine Viertelstunde später verkündete das vertraute bläulich-violette Licht, dass Andy Zero es irgendwie geschafft hatte, sie aufzuspüren und einen zweiten Versuch zu starten.

»Ihr habt mir vielleicht einen Schrecken eingejagt!«, rief Andy, als sie an Bord der *Magellanus* ankamen. Er war blass. »Ich dachte, ihr wärt mir endgültig verloren gegangen. Der deffige Tunnel ...«

»Ist nichts passiert«, versicherte ihm Jan und fügte verlegen hinzu: »Wir haben nur herausgefunden, dass möglicherweise wir die Vorarbeit für genau diesen deffigen Tunnel geleistet haben.«

Andy lachte. »Hm, ja, es gab schon ein paar frühe Pioniere im 21. Jahrhundert ...« Ganz plötzlich wurde er ernst. »Sagt bloß, ihr heißt mit Nachnamen Ellers.«

»Doch«, sagte Miri. »Genau so heißen wir.«

Eine lange Zeit sahen sie sich schweigend an. Versuchten, diesen Gedanken zu verdauen. Dann lächelte Andy schief. »Jetzt sind wir wirklich quitt. Ich brauche den Tunnel oft für meine Forschungsarbeit, ich könnte nicht mehr auf ihn verzichten.«

»Aber wie kann denn das sein?« Jan hatte das Gefühl, sich an dieser Frage geistig die Zähne auszubeißen. »Wir haben durch dich vom Photonentunnel erfahren. Und haben deshalb nach unserer Rückkehr versucht, diesen Tunnel mit zu entwickeln, um ihn so schnell wie möglich selbst benutzen zu können. Worauf es für dich möglich war, uns ins Schiff zu holen. Das ist doch eine Schleife, ein Paradoxon!«

»Ja«, sagte Andy. »Aber erwarte bitte von mir keine Antwort darauf, wie so etwas möglich ist.«

»Egal«, sagte Miri entschlossen. »Ich habe dir etwas mitgebracht.« Sie nahm sich die Lederschnur mit dem schwarz-weißen Stein ab, die sie schon so lange trug. »Da. Als Erinnerung. Ich habe mir schon eine neue Kette gemacht. Mit dem Alpha-Cygni-Stein, den ich am Eingang des Cafés gefunden habe, weißt du noch?«

»Äh, und das ist auch für dich«, sagte Jan und zog seine Lieblings-CD aus der Tasche seiner Jeansjacke. »Das ist Pink Floyd. *Dark Side of the Moon*. Vielleicht findest du ja doch irgendeine Möglichkeit, sie abzuspielen, obwohl sie theoretisch 200 Jahre alt ist.«

»Beim hüpfenden Neutrino!«, sagte Andy Zero.

Eine Woche später bekamen sie die Physikarbeit zurück. Eines muss man Brilli lassen, er korrigiert schnell, dachte Jan. Eine angenehme Spannung durchrieselte ihn. Er fing einen schadenfrohen Blick von Kevin auf und schaute unbeeindruckt zurück.

Dann lagen die zusammengehefteten Blätter vor ihm. Gleich auf der ersten Seite sah Jan Rotstift. Eine kalte Lanze bohrte sich in seinen Magen. Er blätterte um. Auch hier Rotstift. Wenn auch nicht viel. Verdammt, er hatte sich bei einer der Aufgaben verrechnet, bei der mit der Atombombe! Jan hielt es nicht mehr aus, er schlug die letzte Seite auf, suchte nach der Note.

Zwölf Punkte! Eine Zwei!

Er hatte es nicht geschafft, seine Wette zu erfüllen und 13 Punkte zu bekommen!

Tschüss Computer, dachte Jan. Er wäre am liebsten über seinem Pult zusammengesackt, einfach in eine kleine Pfütze zerschmolzen. Wie sollte er jetzt Kevin gegenübertreten, nach dieser Pleite? Und er war sich so sicher gewesen, dass er es schaffen würde!

Mühsam riss er sich zusammen: Freu dich gefälligst, dass du zwölf Punkte geschafft hast! Das ist eigentlich supergut. So, jetzt lächeln und die Schultern zucken, damit Kevin sieht, dass es dir nichts ausmacht!

Auf einmal stand Brilli neben ihm. »Das Thema scheint dich ja interessiert zu haben, Jan.«

»Äh, besonders Astrophysik finde ich sehr spannend«, stammelte Jan überrumpelt und dachte: Der fragt sich jetzt bestimmt, ob ich nur einen guten Spickzettel hatte!

»Jedenfalls kannst du vorerst im Leistungskurs bleiben, wenn du möchtest«, sagte Brilli – und lächelte! Halb fasziniert, halb abgestoßen duckte sich Jan über seinen Tisch und tat so, als blättere er gedankenversunken in seiner Arbeit.

Nach der Stunde trafen sich Jan und Kevin im Gang. Die Clique scharte sich neugierig um sie, wartete wohl auf einen spannenden Endkampf.

»Tja«, sagte Jan ruhig. »Zwölf Punkte. Sag Bescheid, wann du den Computer abholen möchtest.«

Mit weit aufgerissenen Augen starrten ihn Kevin und seine Jungs an. Jan konnte sich denken, was ihnen im Kopf herumging: Wie hat der es nur geschafft, überhaupt so eine gute Note an Land zu ziehen?! Kevin erholte sich als Erster von seiner Überraschung. »Morgen um drei«, schlug er vor. »Passt das?«

»Ja.« Jan fragte sich, warum Kevin sich nicht vor Schadenfreude auf die Schenkel schlug. Doch es schien ihm eher ein bisschen leid zu tun. »Du weißt nicht, wo ich wohne, oder? Hager Straße 8.«

»Na, dann bis morgen.«

Enttäuscht driftete die Clique davon.

Am nächsten Tag machte sich Jan gleich nach der Schule daran, seinen Rechner auf den Abtransport vorzubereiten. Er sicherte seine Daten, indem er sie auf CD brannte, pulte einen Sticker vom Gehäuse, stöpselte alle Kabel ab und rollte sie zusammen. Kevin klingelte pünktlich, er hatte einen Kumpel dabei, der ihm tragen helfen sollten. Jan hatte nicht das Herz zuzusehen, wie sie die Ausrüstung wegschleppten.

Abends ließ sich Jan im Wohnzimmer nieder, ausgerüstet mit einem Band Tolkien. Seine Eltern starrten ihn an wie eine Erscheinung. Sie waren gewöhnt, dass ihr Sohn gleich nach dem Abendessen in sein Zimmer verschwand und ins Datennetz abtauchte.

»Irgendetwas nicht in Ordnung, Jan?«, fragte sein Vater.

Jan hob die Nase nicht aus dem Buch. »Nein, wieso? Ich habe nur keinen Computer mehr.«

»Was? Ist er kaputt?«

»Nein. Aber ich habe ihn bei einer Wette verloren.«

Verdutzt blickten ihn seine Eltern an. Sie waren wohl nicht gewohnt, dass er überhaupt wettete, und dann auch noch um etwas so Wertvolles. Jan erzählte, was geschehen war.

Sein Vater lachte. »Hm, vielleicht ist das ein ganz guter Anlass, mir einen neuen Rechner zu kaufen. Mit dem alten bin ich nicht mehr zufrieden. Aber für dich müsste er eigentlich reichen. Was ist, willst du ihn haben? Zwölf Punkte in Physik, das muss schließlich gefeiert werden. So viel hattest du ja lange nicht mehr, oder?«

Jan ließ das Buch fallen. Der alte Rechner seines Vaters war immer noch meilenweit besser als der, den er gehabt hatte. »Ja, klar will ich …!«

Ein paar Stunden später trafen Miri und Jan sich auf dem Balkon, als hätten sie sich verabredet. Wahrscheinlich wollte sie auch ein bisschen zu den Sternen hochschauen und an die *Magellanus* denken, dachte Jan. Aber eine Wolkendecke breitete sich über ihrer Stadt aus wie ein dickes Federbett und ließ nicht einmal das Mondlicht durch. Nebeneinander lehnten sie in der Dunkelheit über der Balkonbrüstung, und Jan fühlte sich seiner Zwillingsschwester so nah wie selten zuvor. »Magst du eine haben?«, fragte er und holte die Zeichnungen aus der Hosentasche, die er an Bord der *Magellanus* gemacht hatte.

Natürlich suchte Miri ein Bild von Andy aus. »Vielleicht zeige ich's Heike mal.«

Jan reichte ihr das Blatt. Jetzt aber schnell das Thema wechseln, sonst wird's gefühlsduselig, dachte er und sagte: »Schade, dass wir den Zeittunnel nicht mehr haben – da hätte man noch viel mit machen können. In die Geschichte abtauchen und so was.«

»Dann lass ihn uns doch einfach erfinden«, sagte Miri halb ernst. Sie dachten beide an das, was sie bei ihrem letzten Zeitsprung gesehen hatten. »Oder willst du wirklich noch Architektur studieren?«

»Ich hab gar keine Lust mehr auf *SimCity*«, sagte Jan. Und schwieg, weil ihm viel zu viel im Kopf herumging, um es alles auszusprechen.

»Wo Andy jetzt wohl herumfliegt?«, fragte Miri nachdenklich.

Jan grinste. »Wahrscheinlich sitzt er im Café Andromeda und überlegt, wie er am geschicktesten an einen Drink kommt, ohne dafür bezahlen zu müssen. Wollen wir wetten?«

»Nee, lieber nicht!«, sagte Miri und lachte.

Glossar

Absoluter Nullpunkt (der Temperaturskala) Die kälteste mögliche Temperatur; sie liegt bei ungefähr minus 273 Grad Celsius (= 0 Grad Kelvin). Sämtliche Wärmemenge hat an diesem Punkt auf null abgenommen, es existiert nur mehr die quantenmechanische Grundschwingung der Atome. Manche Stoffe werden bei solch tiefen Temperaturen supraleitend (siehe auch Supraleiter).

Absolute Zeit Newton nahm an, dass die Zeit überall und immer gleichmäßig verstreicht, dass sie sozusagen als »absolut« angesehen werden kann. Einsteins Relativitätstheorie widerlegte diesen Standpunkt.

Allgemeine Relativitätstheorie Einsteins Theorie der Gravitation. Jede Form von Masse oder Energie erzeugt beziehungsweise krümmt den Raum.

Alpha Centauri Ein Doppelsternsystem, das von der Erde nur 4,2 Lichtjahre entfernt ist.

Antimaterie / Antiteilchen Zu jedem Materieteilchen gibt es ein Gegenstück, das Antimaterieteilchen. Kommen beide in Kontakt, vernichten sie einander. Dabei wird ihre gesamte Materie in Energie verwandelt. Der umgekehrte Weg, die Verwandlung energiereicher Strahlung in ein Teilchen-Antiteilchen-Paar, ist auch möglich. Das Antiteilchen existiert gewöhnlich nur sehr kurz und reagiert sofort mit Materie.

Äther Früher vermutete man, dass der Äther – ein dünnes Gas – im Weltraum nötig sei, damit sich Licht und andere elektromagnetische Strahlung ausbreiten können. Einsteins Relativitätstheorie setzte dieser Vorstellung ein Ende.

Atom Kleinster Baustein der Materie. Es kann sich mit anderen Atomen zu Molekülen verbinden und so feste Körper bilden. Atome bestehen aus einem Atomkern (den Protonen und Neutronen) und einer Hülle aus Elektronen.

Aufenthaltswahrscheinlichkeit (eines Elektrons) Die Wahrscheinlichkeit, mit der ein Elektron an einem bestimmten Ort anzutreffen ist.

Bezugssystem Jener Ort, von welchem aus beobachtet wird. Das kann die Erde sein oder ein schnelles Raumschiff etc. In der Relativitätstheorie kommt es entscheidend darauf an, von welchem Bezugssystem aus ein Vorgang beobachtet wird.

Boson Elementarteilchen mit ganzzahligem Eigendrehimpuls (Spin).

Dopplereffekt Zeigt sich zum Beispiel beim Vorbeifahren eines Polizeiwagens mit eingeschalteter Sirene. Die Töne hören sich nach dem Vorbeifahren tiefer an, da sie »auseinandergezogen« wurden, das heißt, ihre Wellenlänge wurde gedehnt.

Drehimpuls Ein sich drehender Körper wird durch seinen Drehimpuls beschrieben, der abhängig von seiner Masse und Drehgeschwindigkeit ist. Elementarteilchen haben auch einen Drehimpuls, der »Spin« genannt wird.

Dunkle Materie Materie, die nicht direkt beobachtet werden kann, die aber durch ihre Gravitationswirkung nachweisbar ist. Ihre Natur ist schwer abschätzbar, hat aber entscheidende Auswirkung auf das Schicksal des Universums.

Eigenzeit Jedes Bezugssystem hat seine eigene Zeit, die sich von den Zeiten an anderen Orten unterscheiden kann.

Elektromagnetische Kraft Eine der vier fundamentalen Kräfte. Sie bewirkt die Anziehung von entgegengesetzten Ladungen (– und +) und die Abstoßung von gleichen Ladungen (zum Beispiel + und +).

Elektromagnetische Strahlung (Welle) Kann von verschiedenen Quellen erzeugt werden. Die Art der Quelle bestimmt die Wellenlänge der Strahlung und damit auch, ob es sich um Radiowellen oder Mikrowellen, Infrarotstrahlung, sichtbares oder UV-Licht, Röntgen- oder Gammastrahlung handelt.

Elektron Elementarteilchen mit negativer Ladung. Aus ihnen besteht die Hülle eines Atoms.

Elementarteilchen Teilchen, die nicht weiter zerlegt werden können, also die kleinsten Bausteine der Materie.

Entropie Das Maß der Unordnung in einem physikalischen System. Sie nimmt in einem abgeschlossenen System laut Thermodynamik nie ab, sondern immer zu.

EPR-Experiment Ein von den Herren **E**instein, **P**odolsky und **R**osen erdachtes Gedankenexperiment, welches zeigen sollte, dass die Quantenmechanik nicht stimmt. Experimentell hat man jedoch bewiesen, dass zwei gemeinsam erzeugte Teilchen tatsächlich so eng verbunden bleiben, dass sie einander über große Entfernungen hinweg ohne Verzögerung beeinflussen können.

Ereignishorizont (Horizont) Die Grenze eines Schwarzen Lochs, aus dem nichts (auch nicht Licht) entweichen kann.

Feld Ein Feld durchsetzt den Raum wie ein dreidimensionales Netz und übt eine Kraft aus. Ein Beispiel ist das elektromagnetische Feld, welches auf elektrische Ladungen wirkt. In Einsteins Allgemeiner Relativitätstheorie sind Raum und Materie so eng miteinander verknüpft, dass der Raum ein »Spiegelbild« der Materie ist. Die Materie formt den Raum und gibt ihm seine charakteristische Eigenschaft, zum Beispiel seine Krümmung.

Feldtheorie, Einheitliche Der Versuch, alle Kräfte zu einer Urkraft zu vereinigen, um so eine einheitliche Theorie für alle physikalischen Phänomene zu bekommen. Auch »Weltformel« genannt.

Fermion Elementarteilchen mit halbzahligem Spin, zum Beispiel Elektronen, Protonen, Neutronen.

Fluktuation Schwankung (einer physikalischen Größe).

Fundamentale Kräfte Die folgenden vier Kräfte zählen zu den fundamentalen, also grundlegenden Kräften im Universum: elektromagnetische Kraft, Gravitation (Schwerkraft), starke und schwache (Kern-)Kraft.

Gravitationskraft Auch Schwerkraft genannt. Die schwächste der vier fundamentalen Kräfte. Sie bewirkt die Anziehung zwischen Massen.

Gravitationsstrahlung (-welle) Die Quelle von Gravitationsstrahlung (-welle) ist unter anderem ein kollabierender Stern, etwa bei einer Supernovaexplosion. Gravitationswellen sind bisher nur indirekt nachgewiesen worden.

Graviton Ein Teilchen, das die Gravitationskraft vermittelt, ähnlich wie das Photon Vermittler der elektromagnetischen Kraft ist.

Interferenz Überlagerung von Wellen, erkennbar am charakteristischen Muster. Entsteht zum Beispiel dann, wenn man zwei Steine nebeneinander in einen ruhigen See wirft.

Kernfusion Prozess, bei dem Atomkerne miteinander verschmelzen, zum Beispiel Wasserstoffatome – dabei entsteht Helium. Der Massenunterschied zwischen Ausgangs- und Endzustand wird als Energie freigesetzt. Fusion findet im Inneren von Sternen statt. Man versucht die Methode schon seit Jahren vergeblich auch auf der Erde zu nutzen.

Kernkraft Die schwachen und die starken Kernkräfte halten den Atomkern zusammen. Heute nennt man Energie aus Atomspaltung ebenfalls oft »Kernkraft«.

Kernspaltung Prozess, bei dem Atomkerne, zum Beispiel Uran oder Plutonium, in Bruchstücke zerfallen. Bei diesem radioaktiver Zerfall wird der Massenunterschied zwischen Ausgangs- und Endzustand als Energie freigesetzt. In Atomkraftwerken (bessere Bezeichnung: Kernkraftwerke) wird eine kontrollierte Kettenreaktion von Uran oder Plutonium herbeigeführt.

Klassische Theorie beziehungsweise Physik Jene Theorien, die auf den Prinzipien von Newton und Maxwell aufbauen und ohne Quantenphysik auskommen.

Kosmische Hintergrundstrahlung Die vom Urknall übrig gebliebene Strahlung (im Mikrowellenbereich), welche auf circa minus 270 Grad Celsius abgekühlt ist.

Lichtgeschwindigkeit Beträgt knapp 300 000 Kilometer pro Sekunde und ist nach Einstein eine Naturkonstante. Sie kann nicht überschritten werden.

Lichtquanten Lichtteilchen, auch Photonen genannt. Atome können Lichtquanten nur in ganz bestimmten Portionen aufnehmen oder abgeben.

Laser (**L**ight **a**mplification by **s**timulated **e**mission of **r**adiation) Strahlenquelle, die quantenmechanische Eigenschaften ausnutzt, um stark gebündeltes Licht zu erzeugen.

Lichtjahr Die Entfernung, die Licht in einem Jahr zurücklegt.

Molekül Verband aus mehreren Atomen.

Neutrino Elementarteilchen, welches beispielsweise bei Kernprozessen vorkommt und eine sehr geringe oder sogar gar keine Masse hat. Neutrinos treten nur sehr schwach mit anderen Teilchen in Wechselwirkung und sausen durch Atome (die ja zu einem großen Teil aus leerem Raum bestehen) einfach so durch. Sogar durch die Erdkugel fliegen sie hindurch, ohne sich in ihrer Bahn ablenken zu lassen oder von jemandem bemerkt zu werden.

Neutron Neutrales Elementarteilchen, das zusammen mit Protonen den Atomkern bildet.

Neutronenstern Ein kollabierter Stern, der nur noch circa 30 Kilometer Durchmesser hat und aus extrem dicht gepackten Neutronen besteht.

Nova Das Aufleuchten eines Sterns aufgrund einer gewaltigen Erhitzung der Oberfläche.

Paralleluniversum Ein Universum, das parallel zu unserem existiert. Everetts Theorie geht von vielen nebeneinander existierenden Paralleluniversen aus. Er vermutete, dass sich die Wirklichkeit jedesmal aufspaltet, wenn mehrere Möglichkeiten existieren.

Pauli-Prinzip Ein fundamentales Gesetz, das verbietet, dass zwei Teilchen mit halbzahligem Spin (wie z. B. Elektronen) im gleichen Quantenzustand sein dürfen. Die Folge ist, dass Elektronen voneinander wegstreben, also sehr ungesellig sind, und die Materie nicht einfach zusammenfallen kann, obwohl sie zum größten Teil aus leerem Raum besteht.

Photon Lichtteilchen oder kleinstes Energiepaket. Es vermittelt die Kraft zwischen geladenen Teilchen.

Plasma Ionisiertes Gas von extrem hoher Temperatur.

Positron Antiteilchen des Elektrons. Im Gegensatz zum Elektron ist es positiv geladen.

Proton Elementarteilchen, welches mit den Neutronen den Atomkern bildet.

Pulsar Ein Neutronenstern, der sich sehr schnell (bis zu 1000 Mal pro Sekunde) um seine eigene Achse dreht und dabei ähnlich wie ein Leuchtturm Radiowellen ausstrahlt.

Quant Kleinste, unteilbare Einheit.

Quantencomputer Computer, die quantenmechanischen Eigenschaften nutzen, um dadurch leistungsfähiger zu werden. Solche Systeme werden zurzeit entwickelt.

Quantengravitation Theorie, welche die Quantenmechanik und die Gravitationstheorie (Allgemeine Relativitätstheorie) vereinigt.

Quantenfluktuationen Schwankungen einer physikalischen Größe, die durch die Heisenberg'sche Unschärferelation vorhergesagt werden. Man kann sich das wie ein Pendel vorstellen, das in Ruhe ist und direkt nach unten zeigt, aber niemals völlig still steht. Das geht laut Quantenphysik gar nicht, denn sie besagt ja, dass man im atomaren Bereich Position und Geschwindigkeit nie gleichzeitig genau messen kann. Ein ruhendes Pendel hätte eine eindeutige Position, und seine Geschwindigkeit läge bei Null. Deshalb zeigt das Pendel immer winzige Ausschläge, es zittert und vibriert quasi.

Quantenfluktuationen finden zum Beispiel im Vakuum, dem leeren Raum, statt: Ein Bereich des Raumes borgt sich Energie von seinem Nachbarbereich, erzeugt Strahlung und gibt sie wieder zurück. Trotzdem bleibt die Summe der Energie im Durchschnitt gleich.

Quantenkryptografie Verschlüsselungstechnik, die quantenmechanische Eigenschaften nutzt. Wird zurzeit entwickelt.

Quantenmechanik Theorie, welche die Bewegung (Mechanik) der Elementarteilchen beschreibt, zum Beispiel die der Elektronen um den Atomkern. Ein wesentliches Merkmal ist, dass die Energie nur noch in Portionen (Quanten) abgegeben beziehungsweise aufgenommen werden kann. Die Quantenmechanik beschreibt diese Vorgänge, was die früheren (klassischen) Theorien von Newton und Maxwell nicht konnten. Ohne sie hätte die moderne Technik, zum Beispiel Computer und Laser, nicht entstehen können.

Quantenzustand Die Bahn eines Elektrons um seinen Atomkern wird durch seinen Quantenzustand charakterisiert. Dabei muss jedes Elektron einen unterschiedlichen Zustand einnehmen (siehe auch Pauli-Prinzip).

Quark Kleinste Bauteile der Materie, die erst spät im 20. Jahrhundert entdeckt wurden. Protonen und Neutronen bestehen jeweils aus drei Quarks (Protonen aus zwei »up«- und einem »down«- und Neutronen aus einem »up«- und zwei »down«-Quarks), die untrennbar zusammenhängen.

Quasar Aktive Galaxie, die extrem hell leuchtet.

Radioaktivität Spontaner Zerfall eines radioaktiven Elements (z. B. Uran oder Plutonium) in mehrere Bruchstücke.

Raumzeit Alle drei Raumdimensionen plus die Zeitdimension. Bezeichnet man so, weil Raum und Zeit eng verbunden sind.

Relativitätstheorie: Umgangssprachliche Bezeichnung für Einsteins wichtigste Theorie, die unter anderem das berühmte $E=mc^2$ enthält. Experten unterscheiden zwischen Allgemeiner Relativitätstheorie und Spezieller Relativitätstheorie.

Rotverschiebung Verschiebung des Spektrums hin zu längeren Wellenlängen, beispielsweise durch den Dopplereffekt, wenn sich Strahlenquelle und Beobachter voneinander entfernen, oder durch extrem starke Gravitation.

Schwache Kraft Eine der vier fundamentalen Kräfte. Sie wirkt in Atomkernen, zum Beispiel beim radioaktiven Zerfall.

Schwarzes Loch Dahinter verbirgt sich ein kollabierter Stern, dessen Masse derart konzentriert ist, dass der Raum stark gekrümmt wird. Nicht einmal Licht kann der extremen Gravitation eines Schwarzen Lochs entfliehen, deshalb ist es schwarz.

Schwarzer Zwerg Erkalteter Weißer Zwerg.

Singularität Zentrum eines Schwarzen Lochs, in dem die Raumkrümmung theoretisch unendlich ist.

Solvay-Konferenz Der Industrielle Ernst Solvay finanzierte in den zwanziger Jahren Konferenzen der besten Physiker.

Spektrum Wir sehen Licht als weiß. Es setzt sich jedoch aus allen möglichen Farben zusammen. Aufgefächert sieht dieses so genannte Spektrum aus wie ein Regenbogen. Wenn man dieses Spektrum analysiert, kann man erkennen, welche chemische Elemente das Objekt enthält, das das Licht aussendet.

Spektrometer Instrument, mit dem man das Spektrum (siehe dort) analysieren kann.

Spezielle Relativitätstheorie Diese Theorie Einsteins beschreibt physikalische Vorgänge bei sehr hohen Geschwindigkeiten (nahe der Lichtgeschwindigkeit), zum Beispiel Zeitdehnung und Längenschrumpfung.

Spin Quantenmechanische Eigenschaft eines Elementarteilchens. Man kann diese Eigenschaft mit einer Drehung vergleichen (die nach rechts oder links möglich ist).

Starke Kraft Eine der vier fundamentalen Kräfte. Sie hält sowohl die Quarks als auch die Protonen und Neutronen in Atomkernen zusammen.

String Eindimensionales Objekt, das in verschiedenen Schwingungszuständen existiert und dadurch die unterschiedlichen Elementarteilchen repräsentiert.

Stringtheorie Theorie, die anhand des Konzepts der Strings alle Kräfte zu vereinigen sucht. In der so genannten Superstringtheorie sind Teilchen und Kraftteilchen austauschbar.

Supernova Gewaltige Explosion eines Sterns, der seinen Kernbrennstoff verbraucht hat.

Supraleitung Quantenmechanisches Phänomen, bei dem der elektrische Widerstand eines Metalls bei extrem tiefen Temperaturen schlagartig auf null fällt. Schaltet man den Strom in einem supraleitenden System einmal an, dann fließt er in alle Ewigkeit weiter.

Tachyonen Hypothetische (also theoretisch angenommene) Teilchen, die sich mit Überlichtgeschwindigkeit bewegen.

Thermodynamik (Wärmelehre) Sie beschreibt verschiedene Energieformen (Wärme, Bewegungsenergie, Arbeit, potenzielle Energie ...) und deren Umwandlung von einer Form in eine andere. Nach dem Ersten Hauptsatz kann Energie nie vernichtet werden, sie ändert nur ihre Form. Doch damit ist noch nicht klar, in welche Richtung die Umwandlung passiert. Dies beschreibt der Zweite Hauptsatz (»Entropiesatz«). Er besagt, dass die Unordnung eines abgeschlossenen Systems stetig zunimmt und nur im idealen Fall gleich bleibt. Es gibt also immer weniger nutzbare Energie.

Unschärferelation Fundamentales Prinzip, wonach Ort und Geschwindigkeit eines quantenmechanischen Teilchens nicht gleichzeitig exakt bestimmt werden können. Je genauer der Ort, desto ungenauer kann die Geschwindigkeit bestimmt werden und umgekehrt.

Urknall Zustand extremer Temperatur und Dichte zu Beginn unseres Universums, aus dem es sich nach und nach entfaltete.

Vielweltentheorie Eine von Everett begründete Theorie, welche die Existenz mehrerer Universen parallel nebeneinander erlaubt.

Virtuelles Teilchen Elementares, aber nicht direkt beobachtbares Teilchen. Viele Physiker vermuten, dass sich virtuelle Teilchen im Weltraum ständig aus dem Nichts bilden und gegenseitig wieder zerstören. Man stellt sich die Kräftewirkung als Austausch von virtuellen Teilchen vor.

Warp In der Serie *Star Trek* bezeichnet »Warp« eine fast grenzenlos hohe Geschwindigkeit. Schneller als Licht können Raumschiffe jedoch nur in der Science-Fiction fliegen.

Weißer Zwerg Sterne, die kleiner als 1,4 Sonnenmassen sind, kollabieren nach Verbrauch ihres nuklearen Brennstoffs zu Weißen Zwergen mit einem Durchmesser von einigen Tausend Kilometern.

Welle-Teilchen-Dualismus Konzept, wonach quantenmechanische Teilchen, zum Beispiel Elektronen, sowohl Wellen- als auch Teilcheneigenschaften besitzen.

Wellenfunktion Mathematische Beschreibung eines quantenmechanischen Teilchens. Sie zeigt den Zustand des Teilchens, also die Tatsache, dass es mehrere Möglichkeiten mit unterschiedlicher Wahrscheinlichkeit hat, bis es jemand beobachtet.

Weltformel Eine Formel, die alle physikalischen Erscheinungen einschließt. Siehe auch Einheitliche Feldtheorie.

Zeitdehnung (Zeitdilatation) Bei sehr hohen Geschwindigkeiten (nahe der Lichtgeschwindigkeit) tritt in bewegten Systemen laut Spezieller Relativitätstheorie eine Zeitdehnung relativ zum ruhenden Beobachter auf. Dort vergeht die Zeit also langsamer.

Zwillingsparadoxon Das Phänomen, dass Zwillinge (durch die Zeitdilatation) unterschiedlich schnell altern, wenn ein Zwilling mit hoher Geschwindigkeit (nahe Lichtgeschwindigkeit) reist, während der andere im ruhenden System zurückbleibt.

Register

Literatur

Bublath, Joachim, *Geheimnisse unseres Universums. Zeitreisen, Quantenwelten, Weltformeln*, Droemer, München 1999

Bührke, Thomas, *E=mc². Einführung in die Relativitätstheorie,* dtv, München; 3. Auflage 2000

Charpa, Ulrich; Grunwald, Armin, *Albert Einstein*, Campus, Frankfurt / New York 1993

CERN, *Energie wird zu Materie. Ein Blick in die Welt der Elementarteilchen*, Broschüre des Europäischen Laboratoriums für Teilchenphysik, Genf 1996

Ferguson, Kitty, *Eine Reise an die Grenzen des Universums. Die letzten Rätsel der Schwarzen Löcher*, Econ, München 1993

Ferguson, Kitty, *Das Universum des Stephen Hawking. Eine Biographie*. Econ, München 1992

Fischer, Ernst Peter, *Werner Heisenberg. Das selbstvergessene Genie*. Piper, München / Zürich 2002

Fölsing, Albrecht, *Albert Einstein. Eine Biographie*. Suhrkamp, Frankfurt, 2. Auflage 1993

Gamov, George, *Mr. Tompkins in Paperback*, Cambridge University Press, Cambridge 1993

Gilmore, Robert S., *Die geheimnisvollen Visionen des Herrn S. Ein physikalisches Märchen nach Charles Dickens*, Birkhäuser, Basel / Boston / Berlin 1996

Gilmore, Robert, *Alice in Quantumland. An Allegory of Quantum Physics*, Springer, New York 1995

Grassmann, *Alles Quark? Ein Physikbuch*. Rowohlt Berlin, Berlin, 2. Auflage 2000

Gribbin, John, *Auf der Suche nach Schrödingers Katze. Quantenphysik und Wirklichkeit*. Piper, München / Zürich, 3. Auflage 1996

Gribbin, John, *Schrödingers Kätzchen und die Suche nach der Wirklichkeit*, Fischer, Frankfurt am Main, 4. Auflage 2000

Hawking, Stephen W., *Eine kurze Geschichte der Zeit. Die Suche nach der Urkraft des Universums*, Rowohlt, Reinbek bei Hamburg 1988

Hawking, Stephen, *Das Universum in der Nußschale*, Hoffmann & Campe, Hamburg 2002

Held, Carsten, *Die Bohr-Einstein-Debatte. Quantenmechanik und physikalische Wirklichkeit*, Mentis Verlag, Paderborn 1998

Hermann, Armin, *Lexikon Geschichte der Physik A-Z*, Aulis Verlag, Köln 1998

Ingold, Gert-Ludwig, *Quantentheorie. Grundlagen der modernen Physik.* C. H. Beck, München 2002

Karamanolis, Stratis, *Albert Einstein. Mythos und Realität.* Elektra Verlag, Neubiberg 1991

Kiefer, Claus, *Gravitation,* Fischer Taschenbuch Verlag, Frankfurt, 2003

Kiefer, Claus, *Quantentheorie,* Fischer Taschenbuch Verlag, Frankfurt, 2003

Lesch, Harald; Müller, Jörn, *Kosmologie für Fußgänger*, Goldmann, München 2001

Morris, Richard, *Gott würfelt nicht. Universum, Materie und Kreative Intelligenz.* Europa Verlag, Hamburg / Wien 2001

Smolin, Lee, *Warum gibt es die Welt? Die Evolution des Kosmos*, dtv, München 2002

Strathern, Paul, *Newton & die Schwerkraft*, Fischer Verlag, Frankfurt am Main 1998

Thorne, Kip S., *Gekrümmter Raum und verbogene Zeit. Einsteins Vermächtnis*, Knaur, München 1996

Wolf, Fred Alan, *Taking the Quantum Leap. The New Physics for Non-Scientists*, Harper & Row, New York 1981

Dank

Sylvia Englert: Ich danke vor allem Christian Münker – für seinen Trost, wenn ich mal wieder feststeckte oder mit der Handlung haderte, für den klugen Rat bei allen physikalischen Fragen, für seine Fantasie und die geteilten Freudentänze. Bei meinem tapferen Co-Autor Stefan möchte ich mich für die Geduld bedanken, mit der er mir meine wissenschaftlichen Fragen beantwortet hat, und für seinen unerschütterlichen Optimismus. Bei der Autorengruppe Seitenspinner für interessante Anregungen. Und natürlich bei meinen bewährten Kritikern Sonny, MaLu, Gerd und Ranka. Ganz besonders möchte ich auch meinem jugendlichen Testleser Manuel Berngehrer aus Landau für sein wertvolles Feedback danken.

Stefan Jäger: Mein Dank gilt meiner Co-Autorin Sylvia, die die Physik in eine spannende und lustige Geschichte zauberte und sehr schnell begriff, was es mit Relativität, Quanten und Strings auf sich hat. Ich bedanke mich bei meinen Freunden, die mich stets darauf drängten, einfachste Erklärungen zu finden, bei Annette Kleine und Frank Jäger, die wertvolle Tipps als Testleser gaben und viel Geduld aufbringen mussten, wenn ich am Feierabend über dem Manuskript saß. Und nicht zuletzt bei Professor Claus Kiefer, der das Manuskript auf die Physik hin prüfte.

NEUGIER KENNT KEIN ALTER

FÜR DIE ERWACHSENEN VON MORGEN

WISSEN MACHT DEN UNTERSCHIED

Doris Schröder-Köpf/Ingke Brodersen
**DER KANZLER WOHNT
IM SWIMMINGPOOL**
oder Wie Politik gemacht wird
2002 · 221 Seiten · Illustriert

Eckhard Mieder
erzählt
**DIE GESCHICHTE DEUTSCHLANDS
NACH 1945**
2002 · 216 Seiten · Illustriert

Frankfurt / New York

Gerne schicken wir Ihnen aktuelle Prospekte:
Campus Verlag · Kurfürstenstr. 49 · 60486 Frankfurt/M.
Tel. 069/97 65 16 - 0 · Fax - 78 · www.campus.de